Os Domínios de Natureza no Brasil

Textos Básicos 1

Aziz Ab'Sáber

OS DOMÍNIOS DE NATUREZA NO BRASIL

POTENCIALIDADES PAISAGÍSTICAS

Ateliê Editorial

Copyright © 2021 Aziz Ab'Sáber

Direitos reservados e protegidos pela Lei 9.610 de 19.02.1998.
É proibida a reprodução total ou parcial sem autorização, por escrito, da editora.

1ª ed., 2003 I 2ª ed., 2003 I 3ª ed., 2005 I 4ª ed., 2007
5ª ed., 2008 I 6ª ed., 2010 I 1ª reimp., 2011 I 7ª ed., 2012
8ª ed., 2021 I 1ª reimp., 2025

Dados Internacionais de Catalogação na Publicação (CIP)
(Câmara Brasileira do Livro, SP, Brasil)

Ab'Sáber, Aziz Nacib
  Os domínios de natureza no Brasil:
potencialidades paisagísticas / Aziz Ab'Sáber. –
8. ed. – Cotia, SP: Ateliê Editorial, 2021.

ISBN 978-65-5580-031-9

1. Paisagens – Brasil I. Título.

21-58572   CDD-918.102

Índices para catálogo sistemático:

1. Brasil: Domínios de natureza: Geografia
   física   918.102
2. Brasil: Potencialidades paisagísticas:
   Geografia física   918.102

Cibele Maria Dias – Bibliotecária – CRB-8/9427

Direitos reservados à
ATELIÊ EDITORIAL
Estrada da Aldeia de Carapicuíba, 897
06709-300 – Cotia – São Paulo
Tel.: (11) 4702-5915
www.atelie.com.br
contato@atelie.com.br

Impresso no Brasil 2025
Foi feito o depósito legal

Sumário

1. Potencialidades Paisagísticas Brasileiras.................. 9
2. "Mares de Morros", Cerrados e Caatingas:
   Geomorfologia Comparada 27
3. Nos Vastos Espaços dos Cerrados 33
4. Domínio Tropical Atlântico............................ 43
5. Amazônia Brasileira: Um Macrodomínio 63
6. Caatingas: O Domínio dos Sertões Secos 81
7. Planaltos de Araucárias e Pradarias Mistas 99
8. O Domínio dos Cerrados...............................113
9. Domínios de Natureza e Famílias de Ecossistemas...........135

Anexos
   I. Relictos, Redutos e Refúgios...........................143
   II. Cerrados *versus* Mandacarus..........................145
   III. Paisagens de Exceção e *Canyons* Brasileiros 147

Bibliografia 151

I
POTENCIALIDADES PAISAGÍSTICAS BRASILEIRAS*

Todos os que se iniciam no conhecimento das ciências da natureza – mais cedo ou mais tarde, por um caminho ou por outro – atingem a ideia de que a paisagem é sempre uma *herança*. Na verdade, ela é uma herança em todo o sentido da palavra: herança de processos fisiográficos e biológicos, e patrimônio coletivo dos povos que historicamente as herdaram como território de atuação de suas comunidades.

Num primeiro nível de abordagem, poder-se-ia dizer que as paisagens têm sempre o caráter de heranças de processos de atuação antiga, remodelados e modificados por processos de atuação recente. Em muitos lugares – como é o caso dos velhos planaltos e compartimentos de planaltos do Brasil – os processos antigos foram responsáveis sobretudo pela compartimentação geral da topografia. Nessa tarefa, as forças naturais gastaram de milhões a dezenas de milhões de anos. Por sua vez, os processos remodeladores são relativamente modernos e mesmo recentes, restringindo-se basicamente ao período Quaternário, e medem-se por uma escala de atuação de processos interferentes, cuja duração gira em torno de alguns milhares, até dezenas, ou, quando muito, centenas de milhares de anos.

Os primeiros agrupamentos humanos assistiram às variações climáticas e ecológicas desse flutuante "universo" paisagístico e hidrológico

---

* Publicação original em *Recursos Naturais, Meio Ambiente e Poluição*, Rio de Janeiro, IBGE/Supren, 1977.

dos tempos quaternários e foram profundamente influenciados por elas. Entrementes, dentro da escala dos tempos históricos – nos últimos cinco a sete mil anos – a despeito de algumas modificações locais ou regionais dignas de registro, tem dominado um esquema global de paisagens *zonais* e *azonais*, muito próximo daquele quadro que ainda hoje se pode reconhecer na estrutura paisagística da superfície terrestre.

Num segundo plano de abordagem, é indispensável ressaltar que as nações herdaram fatias – maiores ou menores – daqueles mesmos conjuntos paisagísticos de longa e complicada elaboração fisiográfica e ecológica. Mais do que simples *espaços territoriais*, os povos herdaram paisagens e ecologias, pelas quais certamente são responsáveis, ou deveriam ser responsáveis. Desde os mais altos escalões do governo e da administração até o mais simples cidadão, todos têm uma parcela de responsabilidade permanente, no sentido da utilização não-predatória dessa herança única que é a paisagem terrestre. Para tanto, há que conhecer melhor as limitações de uso específicas de cada tipo de espaço e de paisagem. Há que procurar obter indicações mais racionais, para preservação do equilíbrio fisiográfico e ecológico. E, acima de tudo, há que permanecer equidistante de um ecologismo *utópico* e de um economismo suicida (Walder Góes, 1973). Já se pode prever que entre os padrões para o reconhecimento do nível de desenvolvimento de um país devam figurar a capacidade do seu povo em termos de preservação de recursos, o nível de exigência e o respeito ao *zoneamento* de atividades, assim como a própria busca de modelos para uma valorização e renovação corretas dos recursos naturais.

Evidentemente, para os que não têm consciência do significado das heranças paisagísticas e ecológicas, os esforços dos cientistas que pretendem responsabilizar todos e cada um pela boa conservação e pelo uso racional da paisagem e dos recursos da natureza somente podem ser tomados como motivo de irritação, quando não de ameaça, a curto prazo, à economicidade das forças de produção econômica.

Os Grandes Domínios Paisagísticos Brasileiros

O território brasileiro, devido a sua magnitude espacial, comporta um mostruário bastante completo das principais paisagens e ecologias do Mundo Tropical. Pode-se afirmar que um pesquisador ativo, entre nós, em poucos anos de investigações, poderia percorrer e analisar a maior parte das grandes paisagens que compõem o mosaico paisagístico e ecológico do país. Trata-se de uma vantagem que se acrescenta a outras, no incentivo dos estudos sobre as potencialidades paisagísticas regionais brasileiras.

Essa possibilidade de "trânsito livre" difere muito, por exemplo, daquela que diz respeito ao território tropical africano, onde existem sucessivas fronteiras separando parcelas dos espaços tropicais e dificultando o desenvolvimento de pesquisas mais amplas e comparativas.

Durante muito tempo, houve a pecha de monotoneidade e extensividade de condições paisagísticas para o conjunto do espaço geográfico brasileiro. Observadores alienígenas, habituados às fortes diferenças de paisagens existentes – a curto espaço – no território europeu, não tiveram muita sensibilidade para perceber as sutis variações nos padrões de paisagens e ecologias de nosso território intertropical e subtropical. Operando em áreas reduzidas, situadas no interior mesmo de um só domínio morfoclimático e fitogeográfico, os investigadores que visitaram nosso país na primeira metade do século XX somente tiveram olhos para o "ar de família" – para eles totalmente exótico e aparentemente pouco diferenciado – das paisagens tropicais úmidas da fachada atlântica oriental do país. Nesse sentido houve um certo retrocesso em relação ao estoque de conhecimentos acumulados no decorrer do século XX, mormente no que concerne às contribuições pioneiras dos viajantes naturalistas. Foi preciso que se instalassem as primeiras universidades – merecedoras desse nome – para que se tornasse possível uma infraestrutura capaz de garantir uma nova era de pesquisas mais consistentes e objetivas. Gastaram-se anos para que aquelas formas de avaliação simplistas e genéricas pudessem mudar. E isto só veio a ocorrer a partir da década de 1940, e sobretudo na de 1950, graças aos esforços de pesquisadores brasileiros e europeus, sobretudo franceses.

Diga-se, de passagem, que a despeito de a maior parte das paisagens do país estar sob a complexa situação de duas organizações opostas e interferentes – ou seja, a da natureza e a dos homens – ainda existiam possibilidades razoáveis para uma caracterização dos espaços naturais, numa tentativa mais objetiva de reconstrução da estruturação espacial primária das mesmas (Ab'Sáber, 1973). De modo geral, o homem pré-histórico brasileiro pouca coisa parece ter feito como elemento perturbador da estrutura primária das paisagens e ecologias intertropicais e subtropicais brasileiras. Certamente, no espaço geográfico natural do Brasil, aconteceu o contrário do que se passou com o continente africano, onde ocorre maior variedade de paisagens intertropicais e onde agrupamentos humanos com uma pré-história superior a quinhentos mil anos puderam imprimir modificações mais incisivas e extensivas em algumas áreas paisagísticas tropicais e subtropicais regionais.

No presente trabalho, entendemos por domínio morfoclimático e fitogeográfico um conjunto espacial de certa ordem de grandeza territorial – de centenas de milhares a milhões de quilômetros quadrados de área

– onde haja um esquema coerente de feições de relevo, tipos de solos, formas de vegetação e condições climático-hidrológicas. Tais domínios espaciais, de feições paisagísticas e ecológicas *integradas*, ocorrem em uma espécie de área principal, de certa dimensão e arranjo, em que as condições fisiográficas e biogeográficas formam um complexo relativamente homogêneo e extensivo. A essa área mais típica e contínua – via de regra, de arranjo poligonal – aplicamos o nome de *área core*, logo traduzida por *área nuclear* – termos indiferentemente empregados, segundo o gosto e as preferências de cada pesquisador.

Entre o corpo espacial nuclear de um domínio paisagístico e ecológico e as áreas nucleares de outros domínios vizinhos – totalmente diversos – existe sempre um interespaço de transição e de contato, que afeta de modo mais sensível os componentes da vegetação, os tipos de solos e sua forma de distribuição e, até certo ponto, as próprias feições de detalhe do relevo regional. Cada setor das alongadas faixas de transição e contato apresenta uma combinação diferente de vegetação, solos e formas de relevo. Num mapa em que sejam delimitadas as áreas *core*, os interespaços transicionais – restantes entre os mesmos – aparecem como se fossem um sistema anastomosado de corredores, dotados de larguras variáveis. Na verdade, cada setor dessas alongadas faixas representa uma combinação sub-regional distinta de fatos fisiográficos e ecológicos, que podem se repetir ou não em áreas vizinhas e que, na maioria das vezes, não se repetem em quadrantes mais distantes.

Poderia parecer lógico que entre o domínio A e o domínio B pudessem ocorrer transições ou contatos em mosaico de A + B. No entanto, a experiência demonstrou que podem registrar-se combinações de A + B passando a C, ou de A + B passando a D; ou, ainda, de A + B, incluindo um tampão Z. Constatou-se, ainda, que em alguns raros casos de áreas de transição e contato, com forma *grosso modo* triangular, situadas entre domínios A, B e C, podem ser multiplicadas as combinações fisiográficas e ecológicas, que comportam contatos em mosaico e subtransições locais. Reconhecimentos feitos em algumas áreas territoriais, consideradas chaves para o entendimento do problema – especificamente, estados da Bahia e do Maranhão – revelaram complexas combinações de componentes fisiográficos e ecológicos dos domínios envolventes, assim como a presença de *paisagens-tampão*, mais ou menos individualizadas, colocadas em certos setores centrais dessas faixas de transição. Dessa forma, além de representações de elementos morfoclimáticos e fitogeográficos aparentados com fatos de A, B e C, puderam ser detectados subnúcleos paisagísticos e faixas de vegetação concentrada, muito diferentes das paisagens e ecologias predominantes em A, B ou C. Trata-se, sobretudo, de floras que se aproveitaram da *instabilidade* das condições ecológicas das faixas de transição e contato, passando a dominar localmente o espaço, em subáreas onde as condições climáticas e ecológicas eram relativamente desfavoráveis para a fixação de padrões de paisagem diretamente filiados aos domínios paisagísticos contíguos (A, B e C; ou B, C e D; ou ainda A, C e F, entre outras combinações espaciais de domínios *vis-à-vis*), e, pelo oposto, eram favoráveis ao adensamento e à expansão de determinadas floras (*cocais, mata de cipó, matas secas*).

Até o momento foram reconhecidos seis grandes domínios paisagísticos e macroecológicos em nosso país. Quatro deles são intertropicais, cobrindo uma área pouco superior a sete milhões de quilômetros quadrados. Os dois outros são subtropicais, constituindo aproximadamente 500 mil quilômetros quadrados em território brasileiro, posto que extravasando para áreas vizinhas dos países platinos. A somatória das faixas de transição e contato equivale a mais ou menos um milhão de quilômetros, em avaliação espacial grosseira e provisória. Pelo menos cinco dos domínios paisagísticos brasileiros têm arranjo em geral poligonal, considerando-se suas áreas *core*: *1.* o domínio das terras baixas florestadas da Amazônia; *2.* o domínio dos chapadões centrais recobertos por cerrados, cerradões e campestres; *3.* o domínio das depressões interplanálticas semiáridas do Nordeste; *4.* o domínio dos "mares de morros" florestados; *5.* o domínio dos planaltos de araucárias. Rios negros nos componentes autóctones da drenagem (bacias de igarapés; intra-amazônicos), drenagens extensivamente perenes, porém suscetíveis de "cortes" nas áreas de desmatamento extensivo em planaltos sedimentares, de solos porosos. *Enclaves* de cerradões, cerrados e matas secas em áreas de solos pobres ou margens da área *core*.

Domínio das Terras Baixas Florestadas da Amazônia

Região em geral encoberta por um mar de nuvens baixas, fortemente carregadas de umidade. Presença eventual da famosa mata dos "igapós", evocando um ambiente exótico e pleno de interrogações. Pontos mortos da drenagem, nos braços de rios, com vitórias-régias e outras ninfeáceas. A despeito da rasura das terras baixas regionais e do labirinto hidrográfico nelas embutido ou a elas associado, existem notáveis visuais, no conjunto das paisagens amazônicas, a partir das pequenas elevações dos tabuleiros e seus terraços. Verdadeiros mares de água doce, emoldurados pelas exóticas pinturas de tons escuros do céu amazônico. Vultos de ilhas fluviais florestadas, e o notável espetáculo do pôr do sol na rasura das réstias de terra, que sublinham indefinidamente o horizonte. Fora das terras baixas, alguns quadros de exceção, nas altas encostas florestadas dos blocos montanhosos, onde a floresta interpenetra os picos e se fixa nas grimpas da montanha (Serra dos Carajás). As serranias fronteiriças, com suas formas bizarras, inseridas em áreas de grandes enclaves de cerrados e campestres, e *pro parte* revestidas por densas matas de encosta.

Área de ocupação ribeirinha e de circulação fluvial, através de rios, "furos" e igarapés, por mais de três séculos. O maior estoque remanescente de paisagens naturais, do setor equatorial do Mundo Tropical até 1950. Experiências iniciais de agricultura em terra firme, em geral decepcionantes, desde o princípio do século. Um caso regional de sucesso econômico relativo – área de Tomé-açu – devido ao alto nível de tratos agronômicos dos colonos japoneses, ali instalados. Diversos fracassos, por assim dizer históricos, de experiências agrárias e agronômicas de grupos estrangeiros que tentaram transferência de tecnologia (Fordlândia, Belterra).

Com a Belém-Brasília – rodovia certamente indispensável para o início de uma integração entre o Brasil Atlântico, o Brasil Central e o Brasil Amazônico – criaram-se enormes frentes de desmatamento nos dois lados da rodovia, introduzindo-se atividades de empresas ditas "agropecuárias", com forte degradação da cobertura vegetal, esgotamento dos solos e secamento parcial dos mananciais de cabeceiras de igarapés, devido sobretudo à falta de racionalidade dos projetos de formação e desenvolvimento das fazendas regionais. Antes mesmo que o modelo fosse melhor testado e convenientemente corrigido e aperfeiçoado, houve uma lamentável proliferação, um pouco por toda a parte, de empresas agropecuárias similares, ao longo das rodovias em processo de abertura. Anote-se, por outro lado, o pequeno sucesso da agricultura e da vida agrária em geral nas agrovilas e o agravamento das condições socioeconômicas dos colonos e pioneiros na faixa da Transamazônica. Atividades madeireiras difusas e generalizadas completaram a insana guerra contra a biodiversidade.

Domínio das Depressões Interplanálticas Semiáridas do Nordeste

Região semiárida subequatorial e tropical, de posição nitidamente *azonal*. Extensão espacial de 2ª ordem, variando entre 700 mil e 850 mil quilômetros quadrados. Região de depressões interplanálticas reduzidas a verdadeiras planícies de erosão, devido à grande extensão dos pediplanos e ao aperfeiçoamento final, relativamente recente, da pediplanação sertaneja, dita moderna (Ab'Sáber, 1965). Área de fraca decomposição de rochas, com mantos de alteração que variam de 0 a 3 m, via de regra. Cabeços de rochas, lajedos e "mares de pedra" aflorando às vezes no meio das caatingas mais rústicas (Paulo Afonso, alto sertão de Pernambuco, Poções, Milagres). "Malhadas" de chão pedregoso, localizadas. Presença de *vertissolos* e eventuais *aridissolos*, ao longo das planuras onduladas sertanejas por grandes extensões. Drenagens intermitentes sazonais extensivas, relacionadas com o ritmo desigual e pouco frequente das precipitações (350 a 600 mm anuais, com fortes deficiências hídricas anuais). Irregularidades no volume global de precipitações, de ano para ano, com eventuais anos secos. E, não raro, anos em que as precipitações são capazes de provocar inundações (exemplo recente: 2001). Estreitas matas ciliares ao longo dos diques marginais dos rios intermitentes (mata da *c'raíba*). Largas galerias, com palmares de carnaubeiras, ao longo das várzeas dos baixos cursos d'água do Rio Grande do Norte e do Ceará. Raros casos de manchas de solos salinos nas aluviões dos baixos cursos d'água norte-rio-grandenses ("salões" da área entre Mossoró e Grossos). *Enclaves* de "brejos" na forma de microrregiões úmidas e florestadas, com solos de boa fertilidade natural porém frágeis, conforme a posição na topografia e perante usos predatórios e processos erosivos ativados por ações antrópicas rotineiras. Tipologia dos brejos quanto à posição: *brejos de cimeira*, *brejos de encostas*, *brejos pé de serra* ou *piemonte*, *brejos de vales úmidos* (tipo ribeira fértil), brejos ribeirinhos de rios *yazoo*.

O Nordeste seco é a área que apresenta as mais bizarras e rústicas paisagens morfológicas e fitogeográficas do país. Seus campos de *inselbergs* situados nas áreas de Milagres (Bahia), Quixadá (Ceará), Patos (Paraíba) e Caicó-Pau dos Ferros (Rio Grande do Norte), entre outras, por si só poderiam ser melhor preparados para receber as atenções do país inteiro, através de uma adequada e original infra-estrutura de turismo e lazer (ecoturismo). Nestas áreas, sobretudo quando ocorre associação entre os pontões rochosos e as massas d'água de açudes públicos, aumentam em muito suas potencialidades em termos de atração paisagística para fins de lazer, turismo e esportes. Identicamente, as altas escarpas estruturais da Serra Grande do Ibiapaba, assim como alguns setores das escarpas terminais da Chapada de São José, a Serra Negra e a Serra de Triunfo, com seus "brejos", a Serra Talhada, com sua rusticidade imponente, a Chapada Diamantina e o Morro do Chapéu poderiam ser melhor integrados em roteiros turísticos, previamente planejados, estruturados e gerenciados. As chamadas "Sete Cidades de Piracuruca" (Piauí), na categoria de um dos mais belos sítios de paisagens *ruiniformes* do país, já foram descobertas pelo turismo e começam a ter seu próprio prestígio pelas evocações que provocam.

O Nordeste semiárido é uma região de velha ocupação, baseada no pastoreio extensivo. Possui sertanejos vinculados à vida nas caatingas e camponeses típicos amarrados à utilização das ribeiras e dos "brejos". É uma área de forte fertilidade humana e de acentuadas e generalizadas pressões demográficas, cujo destino tem sido o de fornecer homens para as mais variadas áreas e experiências de utilização econômica do solo existentes no país.

Foi uma região sujeita a forte degradação da vegetação e dos solos nas áreas de "brejos" de encostas e de cimeiras onduladas, com acelerada e contínua diminuição de seu rendimento agrário. Apresenta eventuais casos de *desertificação antrópica*, em setores muito locais de colinas sertanejas sujeitas a agressiva *dessoalagem* (alto Jaguaribe, "altos pelados de Umburanas", arredores de Picos, alto sertão de Pernambuco). Tem havido aumento da pedregosidade do solo e formação de novas "malhadas" estéreis. Não sofreu, porém, como muitos imaginam, grandes mudanças climáticas de âmbito regional. Devido em grande parte às condições ecológicas e à estrutura agrária rígida, é a área socialmente mais crítica do país, sendo considerada a região semiárida mais povoada do mundo (Dresch, 1956).

Domínio dos "Mares de Morros" Florestados

Extensão espacial de segunda ordem, com aproximadamente 650 mil quilômetros quadrados de área, ao longo do Brasil Tropical Atlântico. Distribuição geográfica marcadamente azonal. Área de mamelonização extensiva, afetando todos os níveis da topografia (de 10-20 m a 1 100-1 300 m de altitude no Brasil de Sudeste), mascarando superfícies aplainadas de cimeira ou intermontanas, patamares de pedimentação e eventuais terraços. Região do protótipo das áreas de vertentes policonvexas (Libault, 1971). Grau mais aperfeiçoado dos processos de mamelonização, conhecidos ao longo do cinturão das terras intertropicais do mundo. Presença de mais forte decomposição de rochas cristalinas e de processos de convexização em níveis intermontanos, fato que faz suspeitar uma alternância entre a pedimentação e a mamelonização nesses compartimentos. Planícies meândricas e predominância de depósitos finos nas calhas aluviais. Frequente presença de solos superpostos, ou seja, coberturas coluviais soterrando *stone lines*, precipitações que variam entre 1 100 e 1 500 mm e 3 mil a 4 mil mm (Serra do Mar, em São Paulo). Florestas tropicais recobrindo níveis de morros costeiros, escarpas terminais tipo "Serra do Mar" e setores serranos mamelonizados dos planaltos compartimentados e acidentados do Brasil de Sudeste. Florestas biodiversas, dotadas de di-

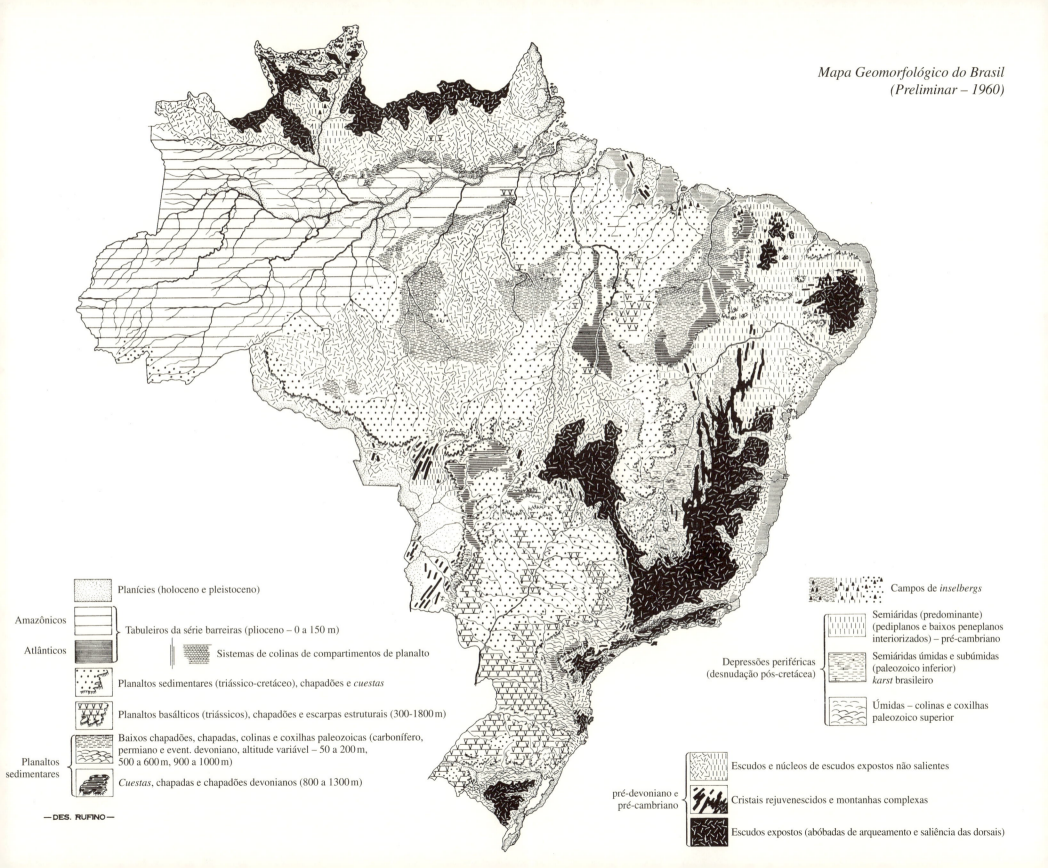

ferentes biotas, primariamente recobrindo mais de 85% do espaço total. Enclaves de bosques de araucária em altitude (Campos do Jordão, Bocaina) e de cerrados em diversos compartimentos dos planaltos interiores, onde predominavam chapadões florestados (subdomínio dos chapadões florestados dos planaltos interiores de São Paulo e norte do Paraná).

Notáveis paisagens de exceção nos Campos do Jordão e nos altos campos de Bocaina. Espetaculares setores de mares de morros alternados com "pães de açúcar", em regiões costeiras (Rio de Janeiro) ou áreas interiores (Espírito Santo e nordeste de Minas). Novos quadros de paisagens, oriundos da introdução de massas d'água no meio dos morros, através de reservatórios de empresas hidrelétricas, alguns dos quais passíveis de ser tomados como ponto de partida para toda uma remodelação paisagística em escala regional (caso do reservatório de Paraitinga-Paraibuna, graças à ação da Cesp).

No subdomínio dos chapadões interiores florestados, padrões especiais de paisagens e ecossistemas na frente e no reverso imediato das altas *cuestas* basálticas ou arenítico-basálticas. Diversos agrupamentos de morros-testemunho bizarros, *pro parte* florestados. Eventuais topografias ruiniformes na frente de escarpas areníticas. Setores de vales, com esporões sucessivos ou escalonados, interpenetrados pelas águas de grandes reservatórios construídos por companhias hidrelétricas brasileiras, constituindo reservas de espaços para povoamento de *weekend, road setlement* e para lazer.

O domínio dos "mares de morros" tem mostrado ser o meio físico, ecológico e paisagístico mais complexo e difícil do país em relação às ações antrópicas. No seu interior tem sido difícil encontrar sítios para centros urbanos de uma certa proporção, locais para parques industriais avantajados – salvo no caso das zonas colinosas das bacias de Taubaté e São Paulo – como, igualmente, tem sido difícil e muito custosa a abertura, o desdobramento e a conservação de novas estradas no meio dos morros. Trata-se, ainda, da região sujeita aos mais fortes processos de erosão e de *movimentos coletivos* de solos em todo o território brasileiro (faixa Serra do Mar e bacia do Paraíba do Sul). Cada subsetor geológico e topográfico do domínio dos "mares de morros" tem seus próprios problemas de comportamento perante as ações antrópicas, nem sempre extrapoláveis para outros setores, ou mesmo para áreas vizinhas ou até contíguas. Firmas construtoras acostumadas a operar em outros domínios morfoclimáticos do país, quando solicitadas a trabalhar na construção de estradas ou outras grandes obras na área da Serra do Mar e dos "mares de morros", têm sido realmente muito infelizes em suas operações, em grande parte devido ao seu desconhecimento quase completo das condições da paisagem, da ecologia e do meio ambiente natural da região (Ab'Sáber, 1957 e 1966).

Domínio dos Chapadões Recobertos por Cerrados e Penetrados por Florestas-Galeria

Área de primeira grandeza espacial, avaliada entre 1,7 e 1,9 milhão de quilômetros quadrados. Posição geral da área: *grosso modo* zonal, à semelhança do que ocorre com o vasto domínio das savanas na África.

Aqui, porém, o caráter longitudinal e o grau de interiorização das matas atlânticas quebraram a possibilidade de uma distribuição leste-oeste marcada para o domínio dos cerrados. Região de maciços planaltos de estrutura complexa e planaltos sedimentares ligeiramente compartimentados (300 a 1700 m de altitude, na área *core*). Cerradões, cerrados e campestres nos interflúvios e florestas-galeria contínuas, ora mais largas ora mais estreitas, no fundo e nos flancos baixos de vales. Cabeceiras de drenagem em *dales*, ou seja, ligeiros anfiteatros pantanosos, pontilhados por buritis. Solos de fraca fertilidade primária em geral (predomínio de *latossolos*). Drenagens perenes para os cursos d'água principais e secundários, com desaparecimento dos caminhos d'água das vertentes e dos interflúvios por ocasião do período seco do meio do ano. Interflúvios muito largos e vales simétricos, em geral muito espaçados entre si. Área de menor densidade de drenagem e densidade hidrográfica do país; verdadeiramente oposta, nesse sentido, ao que ocorre no domínio dos morros. Ausência de mamelonização em favor da presença de plainos de erosão e plataformas estruturais escalonadas, com rampas semicôncavas nas passagens dos diferentes níveis e discreta convexização geral das vertentes nas áreas típicas. Calhas aluviais, de tipo particularizado, comportando *fluxos* lentos no inverno seco e cheias amortecidas no verão chuvoso. Planícies aluviais estreitas e homogêneas, em geral não meândricas, incluindo galerias florestais, passíveis de ser transformadas em alinhamento de buritis após o desmatamento parcial feito pelo homem. Níveis de pediplanação embutidos: plainos de cimeira e plainos intermediários. Pedimentos escalonados, mal pronunciados. Terraços cascalhentos, mal definidos nas vertentes. Complexas *stone lines* na estrutura superficial das paisagens. Sinais de flutuação climática e paisagística, válidos sobretudo para as *depressões periféricas* e rebaixamentos internos da grande área dos cerrados. Enclaves de matas em manchas de solos ricos ou em áreas localizadas de nascentes ou olhos d'água perene (tipo "Catetinho", em Brasília), formando "capões" de diferentes ordens de grandeza espacial.

Trata-se de um conjunto paisagístico inegavelmente monótono, sobretudo no que concerne às suas feições geomórficas e fitogeográficas de tipo banal. No entanto, o domínio dos cerrados apresenta imponentes exceções de padrões de paisagens nas altas escarpas estruturais, onde ocorrem *trombas, aparados* e *tombadores*, a par com *canyons* de diferentes amplitudes e com sítios de águas termais ("águas quentes"). Possui, ainda, belos representantes das chamadas topografias ruiniformes brasileiras, nas Torres do Rio Bonito, no Planalto dos Alcantilados e nos "altos" da Chapada dos Guimarães. Incluem-se na área, ainda, algumas paisagens cársticas mal estudadas (Serra da Bodoquena), bordos festonados de escarpas na faixa de contato entre os chapadões e as planícies do Pantanal e notáveis casos de montanhas em blocos, ilhadas no meio da planície do Alto Paraguai, na zona de fronteira com a Bolívia. Por toda a parte, visuais notáveis do pôr do sol, no largo do horizonte do Planalto.

O domínio dos cerrados é um espaço territorial marcadamente planáltico em sua área *core*. Paradoxalmente, é dotado de solos em geral pobres, porém em condições topográficas e climáticas bastante favoráveis. Área paisagística e ecológica resistente às ações predatórias rotineiras, a despeito mesmo de apresentar casos locais berrantes de ravinamentos. A utilização imediata e pouco racional dos capões de mata "matos grossos" eliminou a cobertura vegetal e estragou os solos de modo quase irreversível (caso dos capões de matas situados ao norte de Anápolis e do extenso mato grosso de Goiás, na região de Ceres). Houve também grandes e irreversíveis prejuízos na paisagem e na ecologia das faixas de matas-galeria regionais. Inegavelmente, o corpo principal da área, onde existe uma velha ocupação pastoril com predominância de latifúndios e de pecuária de baixo nível de aperfeiçoamento, não sofreu predações irreversíveis, permanecendo, de certa forma, sob a condição de reservas especiais para o futuro, zona que, de pronto, deveria ser melhor atendida em termos agrários através de investimentos múltiplos, a fim de coibir a expansão predatória nas áreas de terras firmes florestadas da Amazônia Brasileira (tese Ferri).

Domínio dos Planaltos das Araucárias

Região de aproximadamente 400 mil quilômetros quadrados de área, sujeita a climas subtropicais úmidos de planaltos com invernos relativamente brandos. Em sua acepção mais ampla, coincide com o setor do Planalto Meridional brasileiro – que se estende ao sul de São Paulo e norte do Paraná – posto que sua área mais típica coincida com o planalto basáltico sul-brasileiro, do Paraná ao Rio Grande do Sul (Almeida, 1956). Trata-se de planaltos de altitude média, variando entre 800 e 1300 m, revestidos por bosques de araucárias de diferentes densidades e extensões, inclusive mosaicos de pradarias mistas e bosquetes de pinhais, ora *em galeria* ora nas encostas e eventualmente nas cabeceiras de drenagem. As rochas sedimentares e basálticas regionais estão sujeitas a desigual profundidade de alteração, as vertentes dos chapadões regionais tendem para um modelo convexo suave, posto que não muito regular. Ocorre uma ligeira mamelonização nos terrenos cristalinos gnáissicos, fortemente decompostos, que envolvem a bacia de Curitiba, onde o revestimento por componentes vegetais do domínio das araucárias inclui mais o "pinhão-bravo" do que os pinheiros propriamente ditos. Existem na estrutura superficial da paisagem casos de *colúvios* de encostas sotopostos ao microrrelevo de uma topografia subatual (ou pré-subatual), onde são observados diversos tipos e ocorrências de *stone lines*. Em alguns lugares tais documentos de solos e detritos superpostos devem corresponder a um período mais seco que afetou a paisagem regional. Exemplo disso é a área que se estende ao sul de Lajes (SC) e ao norte do Planalto de Vacaria (RS).

O revestimento do espaço fisiográfico pelas matas de araucárias é mais denso nos planaltos basálticos de médio grau de movimentação de relevo. Existem manchas de campo nas áreas de afloramentos eventuais de arenitos (Lajes, Ponta Grossa – Vila Velha, Planalto do Purunã). Cerrados legítimos ocorrem apenas em enclaves, no setor norte do Planalto do Purunã, nos chamados "gerais" do Paraná, setor fronteiriço a São Paulo.

Mais do que pelo seu próprio relevo, esse domínio é marcado por grandes diferenças pedológicas e climáticas em relação aos outros planaltos ecologicamente similares situados no centro-sul do país. Nele se processa, sobretudo, o envelhecimento das massas de ar polar atlânticas, fato que abaixa os índices térmicos globais de toda a área (desde o Paraná até Santa Catarina e o nordeste do Rio Grande do Sul). Existem precipitações relativamente bem distribuídas pelo ano inteiro, fato que garante um caráter extensivamente perene para toda a rede de drenagem regional. Nos setores mais elevados dos altiplanos – São Joaquim, Curitibanos, Lajes – ocorrem fortes geadas e eventuais curtos períodos de nevadas. Anotam-se enclaves de cerrados em sua porção norte, no reverso arenoso do platô devoniano, e diversos enclaves de pradarias mistas, em geral associados a áreas de afloramento de terrenos sedimentares areníticos (Lajes, Ponta Grossa) e eventuais *latossolos* de altiplanos basálticos (Vacaria).

O domínio dos planaltos de araucária comporta as paisagens menos "tropicais" do país. A ausência das matas pluviais densas e biodiversas por todo o *core* desse domínio paisagístico e ecológico lhe concede outro "ar de família" fisiográfico e sobretudo biogeográfico. Com a devastação das áreas onde as araucárias possuíam maior biomassa, tem havido ampliação dos campos subtropicais filiados aos enclaves de pradarias mistas existentes na área. São dignos de nota, sobretudo, os quadros de paisagens naturais onde as áreas de matas perdiam naturalmente sua densidade primária: os campos de Lajes, os campos de Ponta Grossa, o mosaico de bosques e coxilhas do médio planalto basáltico. No entanto, o máximo de beleza topográfica associada às diferentes formas de vegetação que entram em contato ocorre nas regiões ditas de "serra". Tais áreas de bordos de planaltos basálticos, muito dissecadas, apresentam vales profundos, com vertentes desfeitas em cornijas e patamares, onde foram inscritas as marcas indeléveis das paisagens agrárias construídas pelos colonos alemães e italianos. O caráter de rebordo, brusco e terminal do planalto, nessas áreas festonadas e fortemente dissecadas, densamente ocupadas por atividades agrárias, contribuiu para criar um dos mais notáveis quadros de paisagens rurais de todo o país. Noutra banda das faixas terminais do planalto das araucárias, em pleno nordeste do Rio Grande do Sul, ocorrem cenários realmente espetaculares, do ponto de vista da natureza, na área chamada dos "aparados" da Serra. Aí, as altas cornijas rochosas da beirada oriental da Serra Geral, assim como os pequenos *canyons* que talham profundamente as escarpas, em determinadas áreas, criam um quadro paisagístico dotado de especial monumentalismo.

Ainda que a predação dos solos não tenha sido muito grande na maior parte dos planaltos de araucárias, é digno de nota que restem apenas 15% a 20% da biomassa original dos pinheirais. Recentemente, algumas áreas do extremo oeste do Paraná têm-se mostrado favoráveis à cultura da soja, enquanto outras áreas têm recebido o estímulo econômico da silvicultura, graças aos novos sistemas de incentivos para reflorestamento. Anote-se que, no Planalto de Lajes, a silvicultura vem comprometendo a beleza rústica e bucólica dos notáveis campos regionais. Talvez houvesse outras áreas mais adequadas para a implantação de uma "agricultura de árvore". Conviria, pelo menos, anotar o fato.

Domínio das Pradarias Mistas do Rio Grande do Sul

Área de muitas designações: zona das coxilhas, região das campinas meridionais, *Campanha* Gaúcha. E, até mesmo, de modo errôneo e puramente literário, e nitidamente por extensão, região dos Pampas. Área de 80 mil quilômetros quadrados, aproximadamente. Margem do domínio das pradarias pampeanas e, ao mesmo tempo, padrão bem individualizado de paisagens do subdomínio das pradarias mistas uruguaias, argentinas e sul-brasileiras. Área ecológica típica de zona temperada cálida, subúmida, sujeita a uma certa estiagem de fim de ano. É o domínio das colinas pluriconvexizadas, as quais a tradição convencionou chamar de coxilhas. Seus famosos campos pastoris são prados mistos: um tipo de *prairie*, da margem do grande domínio das pradarias pampeanas. É uma região de drenagem perene, porém menos densa e volumosa do que aquela que ocorre no planalto basáltico sul-brasileiro. As largas calhas aluviais de seus rios tendem para o padrão meândrico, incluindo sucessivas coroas arenosas. Seus rios possuem pouco volume d'água e participam de sub-bacias hidrográficas pouco densas. A vegetação ciliar que marginava as "sangas" – córregos da nervura menor da drenagem – foi extremamente devastada, determinando ligeiros encaixamentos ravinantes e forte aceleração da erosão fluvial. Setores atualmente intermitentes das cabeceiras de drenagem parecem ter sido perenes em um passado recente.

O domínio morfoclimático das pradarias mistas abrange terrenos sedimentares; de diferentes idades, terrenos basálticos e pequenos setores de áreas metamórficas inseridas no escudo uruguaio-sul-rio-grandense (Serras de Sudeste). Foram registrados eventuais enclaves de araucárias nas encostas do maciço de Caçapava do Sul, assim como ocorrências pontuais de cactáceas, relictos aparentes de um paleoclima mais seco, do Pleistoceno Superior (dunas costeiras, desvãos de matacões da margem do Guaíba, colinas de Vila Nova e coxilhas de Santiago).

A região é altamente beneficiada por cenários naturais. Trata-se, talvez, da mais bela área de colinas do território brasileiro. A Campanha é uma espécie de "país" de horizontes distendidos e desdobrados, a perder de vista na direção das fronteiras "castelhanas" do Uruguai e da Argentina. Destacam-se os tons verdáceos claros, em todos os planos e níveis da topografia das coxilhas. Enquanto os "cerros", que emolduram alguns setores do horizonte – na forma de cristas ou de baixas escarpas assimétricas (Caverá, Santana) ou constituindo a silhueta isolada de alguns morros-testemunho – quebram a monotonia das paisagens que se repetem. Em outros setores ocorrem topografias ruiniformes originais, com a forma de gigantes bigornas e designadas pelo sugestivo nome de guaritas. Cristas em espinhaço, do tipo *chevron*, alternam-se com a paisagem das guaritas, enquanto a vegetação se degrada para as formas conhecidas no Uruguai e no Rio Grande sob o nome de parque-espinilho.

Infelizmente, 90% da biomassa das florestas-galeria biodiversas, de tipo subtropical, que sublinhavam as planícies aluviais dos rios mais típicos da Campanha, foram eliminados para dar espaço à rizicultura irrigada. Com isso, o Rio Grande do Sul interior ganhou mais uma dimensão econômica, enquanto a paisagem original praticamente sofreu total transformação. Os prados das encostas de coxilhas descerem até o fundo dos vales, ampliando o espaço de pastoreio após as safras do arroz. Pequenos açudes e banhados passaram a pontilhar a paisagem para reequilibrar o abastecimento d'água para as culturas e para o gado. Bosquetes de eucaliptos, plantados simetricamente, vieram complementar o quadro, criando massas isoladas de vegetação arbórea no meio das coxilhas, a fim de proteger o gado em relação "à chuva, ao vento e ao frio", para usar na íntegra a explicação que nos foi dada por um habitante da Campanha.

Considerações Finais e Conclusões

A estrutura das paisagens brasileiras comporta um esquema regional em que participam algumas poucas *grandes parcelas*, relativamente homogêneas do ponto de vista fisiográfico e ecológico. Acrescenta-se a esses *estoques* básicos uma grande variedade de feições fisiográficas e ecológicas, correspondentes às áreas de contato e de transição entre as áreas nucleares dos domínios morfoclimáticos e fitogeográficos de maior expressão regional. É certamente este mosaico de domínios paisagísticos e ecológicos, somado às feições das faixas de contato e de transição, que constitui nosso "universo" paisagístico em termos de potencialidade global. Ocorre, ainda, que no interior das próprias áreas nucleares existem padrões de paisagem sensivelmente diferenciados, que transformam cada área *core* em uma verdadeira família regional de ecossistemas, dominada espacialmente por um deles (cerrados, caatingas, araucárias, matas) e que devem ser considerados como subconjuntos participantes do mosaico global. E, por último, criando grandes contrastes de paisagens e de ecologias, devem também ser computados os pequenos quadros de exceção, representados pelos enclaves, reconhecidos um pouco por toda a parte, no interior das áreas *core*, cada qual com sua própria natureza, suas vinculações genéticas e suas implicações socioeconômicas e regionais (geótopos e geofácies).

A utilização rotineira e tradicional das principais áreas nucleares definiu um primeiro ciclo de experimentação empírica, sob o qual girou a vida econômica do país até aproximadamente as décadas de 1930 e 1940. Bruscamente, novos padrões de exigência foram reclamados por muitas vozes para a garantia do uso da produtividade da retaguarda atlântica e planaltos interiores do centro-sul. Contestou-se a validade das formas de substituição de ecossistemas naturais por agroecossistemas extensivos, pontilhados por ecossistemas urbanos, dispostos em redes ou bacias. Criaram-se celeumas entre os que defendiam a rápida interiorização do desenvolvimento e da humanização e aqueles que pediam mais estudos básicos e maior empenho e ecletismo da parte dos planejadores burocráticos.

A substituição de componentes das paisagens tropicais – nos setores de mais amplo aproveitamento agrícola – tem sido a fórmula predominante e até hoje insubstituível para a conquista dos espaços econômicos das áreas primariamente florestadas dos trópicos úmidos. A supressão da floresta por grandes espaços, senão pelo espaço total, para o encontro de espaços agrários, tem sido lamentavelmente a única fórmula até hoje experimentada pelos países tropicais em vias de desenvolvimento. Não se sabe como superar este velho dilema, ou seja, o de que para ocupar economicamente o espaço é necessário sacrificar o revestimento vegetal primário. Isto é tanto mais sério, quanto as possibilidades de uma agricultura sombreada de modelos econômicos e ecológicos autossustentados podem inverter o esquema dominante, sobretudo no que concerne aos grandes espaços florestados da Amazônia brasileira.

No passado, vastas áreas cobertas por florestas atlânticas foram devastadas para a extensão dos canaviais e dos cafezais em diferentes áreas do país. Apenas a cultura do cacau pôde ser introduzida sem que fosse necessária a eliminação total da cobertura florestal (sul da Bahia). De resto, a exploração madeireira para carvão vegetal, destinado à siderurgia e ao consumo doméstico – antes da generalização do uso do gás engarrafado – contribuiu para o desfiguramento quase total de vastas áreas do Brasil de Sudeste. Decididamente, o brasileiro tem tido dificuldade, por uma razão ou por outra, em manter partes da cobertura vegetal e em conviver com uma paisagem onde sobreexistam florestas. Há como que uma implicância atávica pelos "sertões" florestados extensivos que dificultaram a vida dos primeiros povoadores... E, por outro lado, há a considerar que foram muito simples e bem aprendidas as técnicas de desmatamento e queimadas, suficientes para fazer a grande "limpeza" na paisagem.

O certo é que, com tudo isso, restaram somente reservas de ecossistemas naturais naqueles espaços topográfica e climaticamente mais incômodos e difíceis de ser atingidos. Ou naquelas áreas em que por algum tempo foi necessário preservar a floresta, devido à importância que ela possuía para uma economia inteiramente vinculada à coleta e ao extrativismo em geral.

Enquanto o povoamento da Amazônia se fez através dos rios e sob um estilo inteiramente "beiradeiro", o estoque global da natureza amazônica pouco ou quase nada sofreu. Mas, desde que as rotas terrestres franquearam a região, atingindo-a pelos interflúvios, a partir das terras altas do Brasil Central, tudo se modificou.

Pouco se sabia da "resposta" dos solos florestais da Amazônia a uma agricultura ao estilo daquela que fez a riqueza e a interiorização do desenvolvimento em áreas como o interior de São Paulo e o norte do Paraná. Com as rodovias de integração, um novo ciclo de devastamento – um tanto às pressas – fez-se na direção da Amazônia florestada, violando os "centros", que até então estavam praticamente preservados sob a forma de proteção estratégica da biodiversidade tropical. E, bruscamente, as últimas reservas começaram a ser mexidas indistintamente, ainda uma vez sob um sistema inegavelmente predatório e extensivo da paisagem e da ecologia. Em poucos anos, áreas como a de Marabá, as terras situadas ao norte de Imperatriz e aquelas dos arredores de Paragominas, adquiriram estragos lamentáveis e irreversíveis pela completa ausência de racionalidade e pelo imediatismo da exploração econômica do solo, sob a sofisticada expressão de empresas agropecuárias.

Mas as paisagens também se estragam às portas das grandes cidades brasileiras, onde o desenvolvimento e o subdesenvolvimento periurbanos marcaram encontro.

A urbanização explosiva de algumas áreas e a aceleração do processo industrial, sob níveis altamente polarizadores, acrescentaram e empilharam problemas para certas áreas metropolitanas e determinadas faixas industriais preferenciais. A concentração irrefreável da urbanização e da industrialização em pequenos espaços de conjuntura geoeconômica favorável, redundou em problemas novos, num tremendo círculo vicioso. Nas áreas mais críticas, as implicações da era dos transportes motorizados e da industrialização explosiva puseram em perigo a própria qualidade do viver para o homem habitante de todas as classes sociais. Com isso, as paisagens foram modificadas direta ou indiretamente em enormes extensões das periferias urbanas metropolitanas. Grandes massas de trabalhadores braçais passaram a disputar os espaços disponíveis ao seu nicho social, procurando garantir um pouco de chão para um futuro que se afigurava difícil e incerto. Novos padrões rústicos de urbanização foram acrescentados ao tecido urbano das metrópoles principais, formando nébulas de bairros-dormitório de baixos padrões de urbanização e de saúde pública nas "periferias" correspondentes ao grande cinturão da Metrópole Externa. Perturbações desintegradoras acarretaram uma conscientização de homens e administradores para com problemas até então insuspeitados e não-previstos.

Não se pode falar em potencialidades paisagísticas sem pensar no grande dilema dos tempos modernos: o economismo e o ecologismo. Enquanto o *economismo* é de um imediatismo por vezes criminoso, o *ecologismo*, tomado em seus termos mais simples, é de uma ingenuidade e puerilidade tão grandes que chega a prejudicar qualquer causa que vise à proteção dos recursos naturais ditos renováveis, na maioria dos casos de muito problemática reconstrução. Entre nós, Walder Góes preocupou-se adequadamente com esse problema, chegando a sintetizá--lo nos seguintes termos:

> Nem o ecologismo nem o economismo. O ecologismo manda conservar a natureza, reservando-a à função de paraíso ambiental. O economismo manda transformar o capital ecológico em consumo, acelerando o esgotamento dos recursos. O ponto de equilíbrio será encontrado na planificação racional que compatibilize os objetivos de crescimento da economia com a proteção e desenvolvimento da constelação de recursos naturais, em proveito de metas a um só tempo econômicas e ecológicas. (Góes, 1973)

Partilhamos inteiramente dessa opinião. E pensamos que nunca houve tanta oportunidade para trabalhar no sentido de evitar a *descapitalização* de velhas heranças da natureza quanto no fim do terceiro quartel do século XX.

2
"Mares de Morros", Cerrados e Caatingas: Geomorfologia Comparada*

O fato de existir uma superposição muito expressiva entre os grandes domínios morfoclimáticos e as principais províncias fitogeográficas das terras intertropicais do Planalto Brasileiro conduziu o autor a uma série de estudos com vistas a esclarecer as razões científicas de tais coincidências geográficas. Tal rumo de pesquisa possibilitou – em uma espécie de primeira aproximação – o esclarecimento preliminar dos diferentes tipos de combinações de fatos geomórficos, climáticos, hidrológicos e ecológicos que respondem pela homogeneidade relativa e pela notável extensividade dos principais quadros de estruturas de paisagens e de coberturas vegetais da maior parte do país.

Levando em consideração o conjunto do território brasileiro, talvez seja possível encontrar um número superior a seis combinações regionais do tipo aludido. Entretanto, restringindo-se o estudo à parte intertropical do Planalto Brasileiro, onde em todos os quadrantes o fator altitude é mais ou menos homogêneo (300 a 900 m), fica-se reduzido a três imensos domínios morfoclimáticos, *grosso modo* recobertos por três das principais províncias fitogeográficas do mundo intertropical brasileiro.

Trata-se das seguintes grandes unidades morfoclimáticas e climato-botânicas: *1.* domínio das regiões serranas, de morros mamelonares do Brasil de Sudeste (área de climas tropicais e subtropicais

* Publicado originalmente em Mario Guimarães Ferri, *Simpósio sobre o Cerrado*, São Paulo, Edusp, 1963.

úmidos – zona da mata atlântica sul-oriental); *2. domínio das depressões intermontanas e interplanálticas do Nordeste semiárido* (área subequatorial e tropical semiárida – zona das caatingas); *3. domínio dos chapadões tropicais do Brasil Central* (área tropical subquente de regime pluviométrico restrito a duas estações – zona dos cerrados e de florestas-galeria). Tais domínios morfoclimáticos, sublinhados por revestimentos florísticos (famílias de ecossistemas predominantes), constituem os melhores exemplos de complexos regionais de toda a fisiografia brasileira. Entretanto, mesmo em relação a eles é impossível uma delimitação cartográfica do tipo linear, tanto no que se refere ao setor puramente geomórfico, como principalmente no que diz respeito a fronteiras vivas das áreas de contato de províncias geobotânicas. Tal impossibilidade de delimitação está relacionada com o fato de cada domínio possuir uma área *core* e faixas ou zonas de transição, onde se interpenetram, se diferenciam ou se misturam – em mosaico complexo – componentes de duas ou mesmo das três áreas em contato. É de todo oportuno frisar que somente as áreas *core* têm individualização própria pela presença de um ecossistema predominante, porém mais único, apresentando feições geomórficas originais, como também áreas passíveis de ser tomadas, sem nenhuma dúvida, como áreas "clímax", do ponto de vista rigorosamente fitogeográfico.

Não há nenhuma relação entre as áreas *core* e as províncias geológico-estruturais do país. Pelo contrário, dentro dos *cores* existem terrenos de diferentes idades e de litologias variadas, que pertencem indiferentemente a escudos ou bacias sedimentares. Nesse sentido, trata-se da presença de geossistemas diferenciados. Entretanto, os *cores* estão profundamente amarrados aos quadros de superposição dos fatos geomórficos e geopedológicos, que são os principais responsáveis, ainda que não os únicos, pelas condições ecológicas médias nelas dominantes. Por outro lado, possuem filiação muito direta com a história paleoclimática quaternária das regiões onde se fixaram e se expandiram.

As "ilhas" de vegetação exótica encontradas dentro das áreas *core* dos diferentes domínios morfoclimáticos e geobotânicos só podem ser explicadas pela existência local de fatores de exceção, de ordem litológica, hidrológica, topográfica e paleobotânica. Debaixo da influência de tais fatores, esses pequenos quadros de exceção constituem sempre excelentes exemplos de ocorrência de condições ecológicas elaboradas por complexos de convergência ("capões" florestais da área dos cerrados, "brejos" florestais da área das caatingas, manchas de cerrados relictos no interior das caatingas e matas, manchas de caatingas em compartimentos de áreas de matas: todos eles redutos de ecossistemas outrora espacialmente mais desenvolvidos).

Os "mares de morros" da região do Alto Paraíba – Fotografia de Paulo Florençano (1949), Boletim Paulista de Geografia, *nº 4 (1950).*

A área *core* do domínio morfoclimático tropical-atlântico, cujo protótipo é encontrado nos "mares de morros" florestados do Brasil de Sudeste, apresenta a seguinte combinação de fatos fisiográficos: decomposição funda e universal das rochas cristalinas ou cristalofilianas, de 3 a 5 até 40 a 60 m de profundidade; presença de solos de tipo latossolo ou *red yellow podzolic*; superposição de solos devido às flutuações climáticas finais do Quaternário em sertões sincopados; mamelonização universal das vertentes, desde o nível de morros altos até os níveis dos morros intermediários e patamares de relevo; drenagem originalmente perene até para o menor dos ramos das redes hidrográficas dendríticas regionais; lençol d'água subterrâneo que alimenta permanentemente, durante e entre as chuvas, a correnteza dos leitos dos cursos d'água; cobertura florestal contínua na paisagem primária desde o fundo dos vales até as mais altas vertentes e interflúvios, desde poucos metros acima do nível do mar até aos espigões divisores situados entre 1 000 e 1 100 m; lençol d'água superficial de tipo difuso, anastomosado, correndo pelo chão da floresta durante as chuvas e redistribuindo detritos finos e restos vegetais serrapilheiras, com formação de horizontes A^{00}, A^0 e A; pouquíssima incidência de raios solares diretamente no chão da floresta; forte cota de umidade do ar; equilíbrio sutil entre processos morfoclimáticos, pedológicos, hidrológicos e ecossistêmicos.

No domínio típico das áreas de caatingas, pelo contrário, impera a seguinte combinação de fatos: alteração muito superficial das rochas, não raro com afloramentos de pequenos cabeços rochosos em torno de lajedos (horizonte de alteração variando entre 0 e 3 m, em média); presença frequente de planícies semiáridas ligeiramente sulcadas por cursos d'água temporários; arranjo geral em vastas depressões intermontanas ou interplanálticas, oriundas de fenômenos de pediplanação ocorridos no decorrer do Terciário e do Quaternário; drenagem exorreica intermitente, de perfil relativamente equilibrado e longo curso; ambiente quente e seco, com baixa cota de umidade durante o período das secas; tênues pavimentos pedregosos em formação e restos de paleopavimentos mais espessos, subatuais; solos rasos e variados, de difícil discriminação, raras vezes salinos; campos de *inselbergs*, ora de resistência, ora de posição; lajedos irregulares, superfícies rochosas e campos de matacões frequentes; grande diversidade na composição florística local das caatingas, muito embora com dominância de plantas xerofíticas de estrutura mesomórfica.

Os planaltos tropicais interiorizados da porção centro-oeste do país constituem por si só um domínio de paisagens morfológicas e fitogeográficas inteiramente diferente do que se observa na paisagem dissecada dos mares de morros florestados, como igualmente diverso do quadro de paisagem das depressões intermontanas colinosas semiáridas, revestidas por diferentes tipos de caatingas. Quando se atingem as áreas interiores de Goiás e Mato Grosso, ao invés de encontrar florestas por todos os níveis de topografia, como é o caso do Brasil de Sudeste, ou de encontrar caatingas extensas nas rasas depressões interplanálticas ou intermontanas, como seria o caso do Nordeste semiárido, depara-se com o arranjo clássico, homogêneo e monótono da paisagem peculiar às áreas de savanas. As formações vegetais talvez não sejam tipicamente de savanas, mas o arranjo e a estrutura de paisagens constituem uma amostra perfeita dos quadros paisagísticos zonais, que caracterizam essa unidade tão frequente do cinturão intertropical do globo.

Nos interflúvios elevados dos "chapadões", onde predominam formas topográficas planas e maciças e solos pobres (latossolos e lateritas), aparecem cerrados, cerradões e campestres, os quais, via de regra, descem até a base das vertentes, cedendo lugar no fundo aluvial dos vales às florestas-galeria, em geral largas e contínuas. Nesse mosaico ordenado de vegetação subestépica e de vegetação florestal tropicais, cada ecossistema oposto tem sua posição exata na topografia, na trama de solos e no quadro climático e hidrológico diferenciado ali existente.

A drenagem superficial da área do cerrado é composta por duas nervuras hidrográficas apenas totalmente integradas durante a estação chuvosa. Há uma drenagem perene, no fundo dos vales, que responde pela alimentação das florestas-galeria nos intervalos secos. E existe uma trama fina e mal definida de caminhos d'água intermitentes nos interflúvios largos, a qual, associada com a pobreza relativa dos solos, responde pela ecologia do cerrado. Na estação seca, o lençol d'água permanece abaixo dos talvegues desses pequenos vales de enxurrada, somente tangenciando as cabeceiras em anfiteatro raso e pantanoso, onde medram os buritizais em *dales*. Em compensação, no fundo dos vales, o lençol d'água subterrâneo alimenta permanentemente a correnteza, independentemente das estações: daí a perenidade dos grandes, médios e pequenos rios da região. Aí, aliás, a grande diferença hidrológica entre o Centro-Oeste e o Nordeste semiárido.

A vegetação dos cerrados, tendo se desenvolvido e se adaptado, em algum momento do Quaternário (ou mesmo dos fins do Terciário), a essa estrutura de paisagens, de planaltos tropicais interiorizados dotados de solos lateríticos, é certamente um dos quadros da vegetação mais arcaicos do país. À medida que a rede frouxa dos vales com drenagem perene se expandiu, as florestas-galeria filiadas às grandes províncias florestais contíguas (Mata Amazônica e Mata Atlântica e do Rio Paraná) têm-se interpenetrado pelo vasto domínio dos cerrados. Da mesma forma que a erosão fluvial e regressiva, a expansão das galerias florestais tem sido de tipo remontante.

Por seu turno, as depressões intermontanas norte-orientais do Planalto Brasileiro ganharam áreas em detrimento da redução dos paleoespaços dos chapadões centrais. Isso significa que o domínio morfoclimático do Nordeste semiárido, de tipo marcadamente azonal, ganhou áreas do domínio morfoclimático tropical, as duas estações, do Brasil Central. Isso nos explica em grande parte por que existem cerrados nos interflúvios da Chapada do Araripe e nos altos dos chapadões sanfranciscanos e nas baixas chapadas de Ribeira do Pombal (norte-nordeste da Bahia), cavaleiro das caatingas situadas em nível bem mais baixo, correspondentes a extensas depressões intermontanas e interplanálticas.

Os cerrados revestiram parcial ou totalmente até mesmo os compartimentos mais baixos do relevo do Brasil Central (área *core*) onde, durante os fins do Terciário e o início do Quaternário, foram elaborados pediplanos tão ou mais típicos que os do Nordeste oriental. Referimo-nos ao pediplano Cuiabano e ao pediplano do Alto Araguaia, que por estarem dentro da área central do domínio climático dos cerrados – a despeito de as feições morfoclimáticas serem de tipo nordestiniano – foram revestidos total ou parcialmente por cerrados. Trata-se, aliás, dos setores de cerrados colocados em níveis mais baixos (à exceção das ilhas de cerrados do Pantanal) dentro dos planaltos do Brasil Central.

Os capões de mata situados em interflúvios, no interior da área *core* dos cerrados, estão para a região exatamente como os diferentes tipos de brejos florestais do Nordeste estão para as caatingas. Trata-se de pequenos quadros morfoclimáticos, geopedológicos e hidrológicos, suficientemente capazes de comportar condições ecológicas para a preservação natural de diferentes tipos de redutos de "ilhas" ou núcleos de florestas. A diferença principal entre uma e outra área é que, enquanto no Nordeste o fator determinante da gênese dos brejos é de origem climática local ("ilhas" de umidade), no Centro-Oeste o fator genético básico depende mais do solo, da umidade do solo e da drenagem superficial perene do que de um microclima local diferenciado. Trata-se, pois, essencialmente, de condições ecológicas de exceção no conjunto da grande área dos cerrados. Quando os capões estão em zona ligeiramente dissecadas ou mamelonizadas, tem-se a impressão de que, em pleno domínio dos cerrados, depara-se com um esboço de esquema das condições morfoclimáticas peculiares ao Brasil Tropical Atlântico.

Um fato muito importante e digno de maior consideração é que não se conhecem bons exemplos de relictos de caatingas no meio do domínio dos cerrados, mas são muito frequentes relictos de cerrados no meio do domínio das caatingas (Pernambuco, Alagoas, Bahia). Outrossim, são comuns relictos de cerrados em antigas áreas de invasão de cerrados em espaços nos setores da Amazônia, zonas de matas naturalmente (re)florestadas (Roraima, São Paulo, Minas Gerais), em zona de cocais (Maranhão), de araucárias e de pradarias de altitude (Paraná).

3
Nos Vastos Espaços dos Cerrados*

Durante as três últimas décadas, algumas regiões do Centro-Sul do Brasil mudaram do ponto de vista da organização humana, dos espaços herdados da natureza, incorporando padrões modernos que abafaram, por substituição parcial, velhas e arcaicas estruturas sociais e econômicas. Essas mudanças ocorreram, principalmente, devido à implantação de novas infraestruturas viárias e energéticas, além da descoberta de impensadas vocações dos solos regionais para atividades agrárias rentáveis.

Em Goiás e em Mato Grosso, as modificações dependeram fundamentalmente de novos manejos aplicados às terras de cerrados, paralelamente a uma extensiva, ainda que incompleta, modernização dos meios de transporte e circulação. Acima de tudo, porém, o desenvolvimento regional deveu-se a uma articulada transformação dos meios urbanos e rurais, a serviço da produção tanto de alimentos básicos, como o arroz, por exemplo, quanto de grãos para consumo interno e exportação (soja).

No âmbito desse processo, certamente foram importantes as modificações – impulsionadas pela criação de Brasília – na rede urbana e no conjunto demográfico do Brasil Central. A revitalização da rede urbana atingiu todos os quadrantes regionais do domínio dos cerrados: o Triân-

---

* Publicado originalmente em Leonel Katz e Salvador Mendonça (coord.), *Cerrados, Vastos Espaços*, Rio de Janeiro, Alumbramento, 1992-1993.

gulo Mineiro (Uberlândia e Uberaba); Mato Grosso (sentidos leste-oeste e sul-norte, na direção de Rondônia e Amazônia) e o lado sul (Campo Grande e Dourados); o sudoeste (Rio Verde, Jataí e Bom Jesus) e o centro de Goiás (Anápolis, Goiânia e Brasília).

No domínio dos cerrados, uma feição de um cerradão em virtude de ser transformado em campos cerrados por ações antrópicas predatórias*.

Nas áreas onde ocorriam os cerradões – hoje muito degradadas por diferentes tipos de ações antrópicas – existiam verdadeiras florestas baixas e de troncos relativamente finos e esguios, comportando uma fitomassa bem inferior à das grandes matas pluviais tropicais. Os cerradões parecem ter-se desenvolvido por processos naturais de adensamento de velhos *stocks* florísticos de cerrados quaternários e terciários. Os cerrados, também chamados campos cerrados, são conjuntos de arboretas da mesma composição que os cerradões, porém não escondem a superfície dos solos pobres que lhes servem de suporte ecológico.

Os campestres ilhados no meio de grandes extensões de cerrados e cerradões não passam de enclaves de campos tropicais e, portanto, de savanas brasileiras, distribuídos descontinuamente pelos domínios dos cerrados: noroeste de Mato Grosso; sudoeste de Goiás; faixas de campos limpos de áreas dessecadas em cabeceiras de sub-bacias hidrográficas; serranias quartzíticas, situadas ao norte de Brasília; e pradarias mistas subtropicais de planalto (campo de vacaria, em Mato Grosso do Sul).

*   As fotos não indicadas são de autoria de Ab'Sáber, tendo sido tomadas entre os anos 50 e 60 do século XX.

Do ponto de vista geomorfológico, a recente evolução do Brasil Central contribuiu para uma revisão da gênese das condições geoecológicas e hídricas de uma região que está no meio do processo motor de modernização e desenvolvimento no interior do Brasil. Uma revisão nas bases físicas que sustentaram a revitalização econômico-social da região pode ser útil ao conhecimento científico e, até mesmo, ao esforço de preservação dos fluxos vivos da natureza regional.

Os chapadões recobertos por cerrados, com florestas de galeria (de diversas composições), constituem dois tipos de ecossistemas no meio de um espaço físico e biótico de grandes proporções, com cerca de 1,7 milhão a 1,9 milhão de quilômetros quadrados de extensão. A área dos cerrados centrais no Brasil – embora tenha uma posição proporcional em relação ao grande conjunto das savanas e cerrados da África Austral e da América Tropical –, em comparação com os espaços fisiográficos e ecológicos do país, apenas mais um dos grandes "polígonos" irregulares que formam o mosaico paisagístico brasileiro.

No Brasil, sem qualquer dúvida, o caráter longitudinal e o grau de interiorização das matas atlânticas quebraram a possibilidade de uma distribuição leste-oeste marcada para o domínio dos cerrados, representante sul-americano da grande zona das savanas. Por outro lado, a composição florística encontrada no núcleo dos cerrados – constituída por padrões regionais de cerrados e cerradões – é muito diferente das verdadeiras savanas existentes em território africano.

Na África, predomina um arranjo transicional gradativo para os diversos tipos de savanas, enquanto no Brasil cerrados e cerradões se repetem por toda a parte, no interior e nas margens da área nuclear dos domínios morfoclimáticos regionais. As variações florísticas estão mais relacionadas com as florestas de galeria do que propriamente com os nossos padrões de cerrados e cerradões.

A região central dos cerrados ocupa, predominantemente, maciços planaltos de estrutura complexa, dotados de superfícies aplainadas de cimeira, além de um conjunto significativo de planaltos sedimentares compartimentados, situados a níveis de altitude que variam de 300 a 1700 m. As formas de terreno são, em sua maioria, similares tanto nas áreas de solos cristalinos aplainados como nas áreas sedimentares mais elevadas, transformadas em planaltos típicos. Onde ocorrem bancadas de laterita, na cimeira dos platôs, aparecem os mais degradados fácies naturais de cerrados: campos pontilhados de arboretas anãs.

Na paisagem observada pelo homem, no domínio dos cerrados e cerradões, predominam interflúvios e vertentes suaves dos diferentes tipos de planaltos regionais. As verdadeiras florestas de galeria, algumas vezes, ocupam apenas os diques marginais do centro das planícies de inundação, em forma de corredor contínuo de matas; outras vezes, quando o fundo aluvial é mais homogêneo e alongado, ocupam toda a sua calha, sob a forma de serpenteantes corredores florestais (matas de pindaíba).

Frequentemente, em algumas áreas, as florestas de galeria estendem-se continuamente pelo setor aluvial central das planícies, deixando espaço para corredores herbáceos nos seus dois bordos, arranjo fitogeográfico reconhecido pelo nome popular de veredas. Essa situação, muito comum nos cerrados adjacentes ao domínio das caatingas, corresponde a casos em que predominam sedimentos arenosos nos bordos das planícies de inundação. Por essa razão, as veredas se comportam também como corredores de formações herbáceas rasas no fundo lateral dessas planícies. Formam, assim, os grandes caminhos naturais para a circulação animal no interior do país.

Do mesmo modo, as campinas de várzea na Amazônia são veredas encharcadas, de areia branca, situadas à margem de florestas de galeria em diques marginais, no centro de antigas faixas de areia geradas em condições climáticas rústicas, constituindo outra modalidade de ecossistema diversificado de complexas e remotas origens climática e fluvial.

Durante o período seco, que ocorre no meio do ano, alguns cursos d'água principais e secundários emagrecem ou desaparecem. O ritmo marcante do tropicalismo regional, com estações muito chuvosas alternadas com estações secas – incluindo um total de precipitações anuais três a quatro vezes superior ao das caatingas – implica uma preservação intensiva dos padrões de perenidade dos cursos d'água regionais. Mesmo nos canais de escoamento laterais aos chapadões e de reduzida extensão permanece uma espécie de linha úmida d'água quase superficial, que atravessa toda a estação seca no meio do ano. Este lençol d'água também sofre variações, de um a quatro metros no subsolo superficial dos cerrados, continuando, porém, tangente à superfície da topografia, o que alimenta as raízes da vegetação lenhosa nessa área.

Pode-se afirmar que é nos suportes ecológicos da dinâmica dos lençóis d'água subsuperficiais que reside a grande diferença entre os ecossistemas de cerrados e os de caatingas. Portanto, os fatores básicos estão relacionados sempre com a questão da posição e do volume d'água existente logo abaixo da superfície durante a estação seca. Enquanto nas caatingas o lençol d'água fica abaixo do nível dos talvegues, existe água permanentemente disponível, nos cerrados, para vegetais de raízes longas e pivotantes.

A sazonalidade dos climas tropicais continua sob um só e mesmo regime. No entanto, o total de precipitações anuais é de duas a cinco vezes maior nos altiplanos com cerrados do que nas terras colinosas das depressões interplanálticas ou encostas de "serras secas". E, mesmo que ocorra um ano de verão mais chuvoso na caatinga, o semestre seco continua sendo mais pronunciado e mal servido por águas. No "coração" dos cerrados encontramos extensos setores de climas subquentes e úmidos, com três a cinco meses secos opondo-se a seis ou sete relativamente chuvosos. As temperaturas médias anuais variam de um mínimo de 20 a 22°C, até um máximo de 24 a 26°C, considerando-se como espaço total dos cerrados a região que abrange desde o sul de Mato Grosso até o Maranhão e o Piauí. Nenhum mês possui temperatura média inferior a 18°C (Nimer, 1977). Entretanto, a umidade do ar atinge níveis muito baixos no inverno seco (38 a 40%) e outros muito elevados no verão chuvoso (95 a 97%).

A aparência xeromórfica de muitas espécies do cerrado é falsa. Segundo Ferri (1963), tratar-se-ia de um pseudoxeromorfismo, fato que endossaria a hipótese de um escleromorfismo oligotrófico (Arens in Ferri, 1963). As plantas lenhosas dos campos cerrados seriam, portanto, uma flora de evolução integrada às condições dos climas e solos dos trópicos úmidos, sujeitos a forte sazonalidade herdada de condições ecológicas de longa duração no interior do período quaternário.

Para Arens, "a flora dos campos cerrados é exposta ao máximo de iluminação pelo clima, que se caracteriza por um número elevado de dias de céu descoberto e pela natureza da vegetação rala que produz sombra mínima". Situação considerada verdadeira, principalmente para o período de inverno seco, mas que é bastante modificada durante o verão chuvoso. Nesse sentido, merece um estudo mais cuidadoso o comportamento da flora dos cerrados e dos cerradões nesses dois momentos estacionais tão contrastantes. No universo geoecológico do Brasil intertropical, não existe comunidade biológica mais flexível e dotada de poder de sobrevivência em solos pobres do que os cerrados.

A combinação de fatores físicos, ecológicos e bióticos que caracteriza o domínio dos cerrados é, na aparência, de relativa homogeneidade, extensível a grandes espaços. A repetição das paisagens vegetais ligadas aos ecossistemas dos cerrados – cerrados, cerradões, campestres de diversos tipos – contribui decisivamente para o caráter monótono desse grande conjunto paisagístico.

Tipos de Relevo na Área Nuclear dos Cerrados

A imagem, geralmente obtida, de que a área dos cerrados seria constituída apenas por enormes chapadões, posicionados como divisores entre as bacias do Prata e do Amazonas, não é totalmente verdadeira. Certamente, trata-se do domínio morfoclimático brasileiro, onde ocorre a maior extensividade de formas homogêneas relativas de todo o Planalto Brasileiro. Planaltos sedimentares cedem lugar – quase sem solução de continuidade – a outros de estruturas mais complexas, nivelados por velhos aplainamentos de cimeira, formando o grande Planalto Central, com altitudes médias de 600 a 1 100 metros.

Comparado com as acidentadas e corrugadas terras do Sudeste e Leste do país, o Planalto Central pode ser considerado uma vasta área de chapadões, revestidos por cerrados e penetrados por florestas de galeria, opondo-se a um mar de morros originalmente florestados. Como na visão de August de Saint-Hilaire, "velhos pomares de macieiras abandonadas". O próprio Nordeste seco, com suas largas depressões entre planaltos e montanhas dominados por caatingas e drenagens intermitentes, é muito mais compartimentado que o elevado e relativamente contínuo conjunto de terras altas do Brasil Central.

Ainda que os enclaves de cerrados nas caatingas estejam em regiões climáticas muito quentes e secas, a área nuclear dos cerrados e cerradões localiza-se em regiões de clima um pouco mais fresco do que aquele que impera no domínio das caatingas. Assim, esses enclaves apresentam condições bastante adversas do ponto de vista climático, já que eles ocorrem em locais tão diferentes como o Amapá, o vale do Tapajós, o nordeste da Bahia (Ribeira do Pombal), os tabuleiros sublitorâneos do Nordeste oriental, a região de São José dos Campos, o médio vale do Paraíba do Sul, a depressão periférica paulista e as manchas de cerrados residuais de Jaguariaíva-Sengés e Campo Mourão no nordeste e centro-norte do estado do Paraná.

Quadro Paleogeográfico de 13 Mil a 18 Mil Anos

Os documentos que possuímos para caracterizar as condições geoecológicas e paleoclimáticas recentes do Planalto Central são fragmentários e descontínuos. Pouco sabemos das flutuações climáticas, menores ou locais, referentes aos últimos seis ou oito mil anos. E, no entanto, temos informações bem mais seguras referentes às mudanças climáticas mais drásticas, correspondentes à época genética das "linhas de pedras" intertropicais brasileiras, já constatadas e reconhecidas em numerosas áreas do país, referentes ao último período de glaciação quaternária (Würm IV – Wisconsin Superior). Examinaremos aqui o quadro de mudanças mais radicais ocorridas há aproximadamente vinte mil e treze mil anos atrás.

Os documentos mais concretos que permitem essa primeira aproximação apontam "linhas de pedra" na estrutura superficial da paisagem. Indícios de antigos solos pedregosos têm um valor relativo, pois nada dizem diretamente sobre quais teriam sido os *stocks* de floras a eles associados em cada setor de ocorrência. No entanto, indicam sempre vegetação esparsa, de troncos finos, ou cactáceas, onde os fragmentos locais – cabeças de diques, de quartzo ou barras de rochas resistentes – foram capazes de esparramar-se no chão das antigas paisagens, vindo a constituir solos pedregosos de maior ou menor espessura. Para esse atapetamento da paisagem apenas a gravidade e as enxurradas em lençol devem ter colaborado: os fragmentos de diferentes origens e formas percolaram por entre as raízes de uma vegetação raquítica.

Considerando-se os patrimônios biológicos que ainda dominam o espaço ecológico total de nossos planaltos, podemos garantir que apenas os diferentes fácies de caatingas, assim como alguns tipos de cerrados naturalmente degradados, poderiam ter ocupado os antigos espaços de solos pedregosos. Hoje estão soterrados na epiderme das paisagens regionais e reocupados extensivamente por cerrados e cerradões no Brasil Central e por grandes matas no Brasil Tropical Atlântico. É de supor que paisagens de cactáceas, como aquelas que ainda ocorrem na zona pré-andina da Argentina, desde o norte de San Juan até San Miguel de Tucumán, podem ter penetrado em áreas do entorno do Pantanal Mato-grossense e nas depressões do Sul do Brasil.

As provas sedimentárias encontradas nas formações superficiais da região – componentes da atual estrutura aparente dos cerrados – têm muito mais validade quando associadas a outros indicadores paisagísticos, como a presença de *paleo-inselbergs*, hoje representados por relevos residuais das superfícies interplanálticas regionais (morros de menores proporções nos campos do Amapá, além de outros maiores, isolados no meio dos cerrados de Tocantins) e o monte de Santo Antônio do Leverger (MT).

A análise de tais tipos de documentos – centrada na época de predominância das *stone lines* – revela um pouco das paisagens que antecederam de perto as atuais por ocasião do último período seco quaternário (Pleistoceno Superior). O quadro obtido é muito preliminar e digno de reparos:

– o conjunto das paisagens típicas de cerrados, no Planalto Central, era menor e menos contínuo por ocasião do último período seco;
– todas as depressões interplanálticas das terras altas atuais do Planalto Central eram faixas de paisagens diferentes, comportando muito menos cerradões e mais campestres e caatingas ou vegetações similares;
– nos altiplanos refugiavam-se os cerrados e alguns núcleos de cerradões, sob a forma de "bancos de flora", os quais mais tarde, quando da modificação generalizada sofrida pela região, serviram para repovoamento vegetal do atual domínio dos cerrados;
– possivelmente as caatingas ou vegetações similares estenderam-se até o médio vale do São Francisco mineiro, alcançando a região cárstica,

situada ao norte de Belo Horizonte, assim como o interior das cristas quartzíticas e ferríferas do quadrilátero central das serranias do centro-sul de Minas Gerais;
- fora das depressões interplanálticas, algumas áreas, como os próprios chapadões areníticos do Urucuia, tiveram coberturas vegetais de climas mais secos, comportando cerrados degradados, estepes ou até mesmo manchas de caatingas;
- paisagens e condições ecológicas de caatingas predominaram ao norte dos bordos acidentados da região de Brasília após as florestas do "Mato Grosso de Goiás", outrora mais extenso;
- no extremo sul de Mato Grosso, onde hoje existem os campos de vacaria, deveriam existir subestepes e campos limpos, mais frios e mais secos do que os atuais prados "marginais" ali refugiados. Onde hoje ocorrem as matas de Dourados deveriam ocorrer bosques subtropicais, alternados com campestres, como os recentemente observados na área de vacaria, no nordeste do Rio Grande do Sul;
- um antigo centro de matas subtropicais, situado no vale do Paraná – designado provisoriamente por "refúgio Foz do Iguaçu" – deve ter sido tropicalizado nos últimos milênios, porque foi invadido por florestas de clima quente em solos de grande fertilidade natural (terras roxas). Um inventário de sua flora testaria essa hipótese, baseada na aparente dinâmica das coberturas florestais da margem sul do domínio dos cerrados. Por outro lado, convém retirar em definitivo o extremo sul de Mato Grosso da área nuclear dos cerrados;
- os cerradões, ao contrário do que se pensava, pertencem a um patrimônio biológico arcaico, comportando-se como adensamentos de fitomassas de cerrados, verdadeiras florestas reexpandidas na cimeira dos planaltos regionais. Isso reforça a ideia básica de que cerradões, quando degradados por extensivas ações antrópicas, não se refazem facilmente. E, na prática, jamais se recompõem. Já os cerrados deles originados são muito mais resistentes às ações predatórias.

De tais constatações resultam algumas diretrizes para o bom uso e preservação de importantes recursos naturais na área nuclear dos cerrados, ou seja, em regiões como os chapadões do centro e sul de Mato Grosso, do Triângulo Mineiro, do sudoeste de Goiás e do oeste da Bahia, do Maranhão e do Piauí.

Até a década de 1950, as faixas preferidas para uso agrícola no Planalto Central eram as calhas aluviais onde existissem densas matas de galeria. As várzeas alongadas e contínuas, dotadas de aluviões, ricas e designadas regionalmente por pindaíbas, eram a exceção diante do campo geral de vertentes inclinadas e largos interflúvios ocupados por uma pecuária extensiva. A partir da década de 1960 e, sobretudo, ao longo dos anos 1970, extensas áreas nessa região passaram a ser utilizadas para a silvicultura, a rizicultura, o plantio de abacaxis e eventuais lavouras nobres (soja, café e trigo). A agricultura comercial, sobretudo a do arroz, atingiu muitos espaços dos cerrados, deslocando fronteiras agrícolas e viabilizando a economia rural de grandes espaços, até então mal aproveitados e improdutivos.

Baseada no estudo das modificações quaternárias dos componentes paisagísticos regionais, a óptica do modelo dos refúgios naturais, de floras e faunas, aponta para três diretrizes básicas capazes de conciliar desenvolvimento e proteção a patrimônios genéticos: *1.* a preservação de percentuais significativos de cerrados e cerradões, localizados em abóbadas de interflúvios, transformando-os em verdadeiros bancos genéticos dos cerrados; *2.* conservação de faixas de cerrados e campestres nas baixas vertentes de chapadões, com centenas de metros de largura, conforme cada caso, a fim de que o manejo das terras de cultura não interfira no frágil equilíbrio da faixa de contato entre vertentes e fundos de vales com florestas de galeria; *3.* congelamento ao máximo possível de uso dos solos nas faixas de matas de galeria, visando à preservação múltipla dos corredores aluviais de florestas biodiversas, assim como das veredas existentes à sua margem.

No caso dos cerrados propriamente ditos, poder-se-ia prever um aproveitamento máximo da ordem de 30% do espaço total de sua área nuclear, sem grandes prejuízos para a preservação do patrimônio genético da flora e da fauna. Essa avaliação prévia, feita em 1979, equivaleria a um somatório de espaços agrários descontínuos, da ordem de 550 mil quilômetros quadrados, ou seja, uma área duas vezes maior do que o estado de São Paulo. O grande dilema residirá sempre no desenvolvimento das técnicas de seleção dos subespaços efetivamente agricultáveis, sem prejudicar a preservação relativa dos patrimônios naturais do "universo" de cerrados e cerradões. Tudo isso, porém, caiu por terra, já que, nos fins do ano 2000, a devastação antrópica atingiu um somatório de 65 a 70% do espaço total.

Restam pouquíssimos exemplos de ecossistemas dos cerradões, dado o imediatismo e a selvageria que presidem o atual sistema de produção de espaços agrários na maior parte do país.

Além de conviver com alguns dos piores solos do Brasil intertropical, a vegetação dos cerrados conseguiu a façanha ecológica de resistir às queimadas, renascendo das próprias cinzas, como uma espécie de fênix dos ecossistemas brasileiros. Não resiste, porém, aos violentos artifícios tecnológicos inventados pelos homens ditos civilizados.

4
DOMÍNIO TROPICAL ATLÂNTICO*

No vasto conjunto do território intertropical e subtropical brasileiro destaca-se o contínuo norte-sul das matas atlânticas, na categoria de segundo grande complexo de florestas tropicais biodiversas brasileiras. Em sua estruturação espacial primária, as florestas atlânticas abrangiam aproximadamente um milhão de quilômetros quadrados. Ou seja, um quarto ocupado pela matas densas da Amazônia Brasileira, que possuíam uma posição marcadamente zonal, situadas que estão em baixas latitudes equatoriais. Em oposição, as matas atlânticas possuem um eixo longitudinal norte-nordeste e um sul-sudoeste que lhes imprimem um complexo caráter azonal, ao que se acrescentam notáveis diferenças morfológicas e topográficas entre as duas grandes áreas de florestas tropicais úmidas do território brasileiro. Na Amazônia Brasileira, salvo raras exceções, imperam terras baixas florestadas, enquanto na fachada tropical atlântica existem subáreas topográficas muito diferenciadas entre si, desde os tabuleiros da Zona da Mata nordestina – Costa do Descobrimento – até as escarpas tropicais das Serras do Mar e Mantiqueira, e "mares de morros" outrora florestados do Brasil de Sudeste.

O conhecimento sobre a compartimentação da fachada atlântica do território – a par com as pesquisas sobre a estrutura superficial da

---

* Publicado originalmente com o título "O Domínio Tropical Atlântico" em Percival Tirapelli, *Patrimônios da Humanidade no Brasil*, São Paulo, Metalivros, 2001.

paisagem – foi essencial para o entendimento da dinâmica ecológica desde os fins do Pleistoceno até nossos dias. Não fosse a contribuição do geomorfologista francês Jean Tricart e do sedimentólogo e também geomorfologista francês André de Cailleux, nos fins dos anos 1950, não poderíamos estabelecer a complexa história vegetacional da área hoje correspondente ao longo espaço norte-sul das matas atlânticas.

O contínuo florestal, tendo por referência o quadro e a conjuntura fisiográfica e ecológica do início da colonização portuguesa, estendia-se do sudeste do Rio Grande do Norte ao sudeste de Santa Catarina. Além desse espaço total, incluía dois enclaves de florestas tropicais, associadas a fatores bem diferentes: as matas biodiversas da Serra Gaúcha, as florestas da região do Iguaçu e da região extremo-oeste dos planaltos paranaenses, envolvendo igualmente a área fronteiriça vizinha do leste paraguaio. Na região serrana leste-oeste do Rio Grande do Sul – no Parque Nacional do Iguaçu – foram os solos ricos, oriundos da decomposição de basaltos, acrescidos à umidade trazida por ventos sulinos para as escapas de *front* voltadas para o sul. No caso das matas do Iguaçu, foram, sobretudo, os férteis solos de uma grande mancha de terras roxas ocorrentes no centro-sul da bacia do Paraná que serviram de suporte ecológico para o estabelecimento e preservação de uma floresta tropical em uma faixa de altiplanos basálticos localizados em zona subtropical, a oeste do Planalto das Araucárias.

Em ambos os casos, a forte taxa de umidade proveniente do avanço da massa de ar polar atlântica foi essencial para gerar oxissolos férteis e garantir um padrão de matas tropicais fora do espaço principal das matas atlânticas. Trata-se de dois casos de florestas biodiversas, situadas para além do Trópico de Capricórnio, em áreas de climas temperados cálidos, porém dotados de umidade e precipitações elevadas, bem distribuídas por todo o ano. Fato que corrobora uma ideia de Jorge Chebataroff, saudoso geógrafo uruguaio, de que até um certo limite de latitude o fator umidade é muito mais importante do que uma forte taxa de calor.

Em qualquer estudo fitogeográfico de matas tropicais de posição azonal marcante, como é o caso das florestas atlânticas brasileiras que possuem setores preservados com vistas a uma proteção integrada das biodiversidades regionais *in situ*, torna-se indispensável compreender a forma pela qual elas transicionam para ecossistemas da região de baixadas quentes e úmidas sublitorâneas. E, doutra banda, como ocorre o quadro das faixas de contato ou transição com diferentes domínios de natureza situados a oeste e ao sul do grande contínuo norte-sul das chamadas matas atlânticas.

A identificação pioneira das faixas de transição e contato existentes entre os diferentes domínios de natureza no Brasil deveu-se a uma iniciativa terminológica, intuitiva e pragmática popular nordestina. Desde tempos imemoriais, reconheceu-se a faixa de transição e contato entre a Zona da Mata e os sertões secos com a expressão agreste. Enquanto na faixa leste da Zona da Mata existem precipitações anuais totalizando de 1 800 a 2 200 mm, nos agrestes as chuvas perfazem apenas 850 a 1 000 mm. No entremeio da Zona da Mata, em forma de transição gradual, estende-se uma faixa norte-sul de vegetação florestal que, na falta de nome mais adequado, recebeu o nome de *mata seca*, área de precipitações médias girando em torno de 1100 a 1 500 mm. Em sua margem ocidental, as matas atlânticas do Nordeste fazem contato sinuoso, porém radical, com caatingas arbóreas, hoje utilizadas intensa e extensamente para atividades agrárias híbridas em pequenas e médias propriedades reticuladas por cercas de aveloses, evidentemente através de um planejamento empírico bem-sucedido para evitar que o gado coma os produtos agrícolas dos cercados vizinhos.

A identificação popular dos agrestes que se iniciam a oeste das terminações das matas costeiras do Nordeste oriental permitiu que se pudesse saber que as matas atlânticas, em seu contínuo norte-sul, fazem transições ou contatos com todos os grandes domínios de natureza do Brasil Atlântico.

E o fazem, em termos mais genéricos, através de diversas ordens de complexidade – com áreas de caatingas, cerrados e cerradões, campestres e planaltos de araucárias. Em um caso extremo, no Sul do país, a partir dos piemontes da região florestada leste-oeste da Serra Gaúcha, as matas biodiversas de posição orográfica transitavam rapidamente para as pradarias mistas da Campanha. Todos esses fatos estão relacionados com o caráter azonal do contínuo complexo de florestas tropicais atlânticas do Brasil.

Acresça-se que um conjunto de transectos fitogeográficos predominantemente leste-oeste possibilitou um detalhamento sub-regional dos mais diferentes padrões de transição e contato ecossistêmicos observáveis ao longo da extensa fachada tropical e subtropical atlântica do país. Por muito tempo, a faixa litorânea do país, devido a sua grande extensão, permaneceu sujeita a pequenos estudos localizados e incompletos. Concebeu-se o termo *restinga* que, na sua essência, se refere aos cordões de areias vinculados à história da sedimentação marinha costeira, dando-se à expressão uma conotação única florística. Com o advento dos conceitos de biomas especializados (*psamobioma, helobioma, rupestrebioma*), houve uma exigência mais séria na identificação dos fatos fitogeográficos observáveis ao longo da faixa costeira do país. Ressalte-se que, no momento em que o conceito de ecossistema, criado pelo botânico inglês Tansley em 1935, chegou à nossa comunidade científica, tornou-se necessária uma revisão mais abrangente e interdisciplinária das feições ambientais e florísticas do domínio costeiro *stricto sensu*.

As matas atlânticas, ainda que sincopadamente, chegam até as proximidades da linha de costa em quase todas as "terras firmes" litorâneas, quer se considerem os tabuleiros ondulados do Nordeste oriental, do Recôncavo Baiano, do sul da Bahia, do Espírito Santo-Norte Fluminense, como todos os esporões da Serra do Mar, a partir do topo dos costões e costeiras dos setores sujeitos mais diretamente à dinâmica de abrasão. "Pães de açúcar", penedos e pontões rochosos, inseridos na linha de costa, oferecem casos locais de rupestrebiomas, sob a forma de minirredutos ou refúgios de cactos e bromélias.

O espaço total ocupado pelas matas atlânticas na fachada tropical e *pro parte* subtropical do território brasileiro em sua estruturação primária abrange uma extensão de aproximadamente um milhão de quilômetros, terminando para o interior por faixas de contato e transição bastante variadas e complexas. Feitas as observações prévias sobre as passagens interiores do grande contínuo de florestas biodiversas e estudados os ecossistemas sincopados da zona litorânea, cumpre alinhar os principais conhecimentos relativos à área principal de ocorrência das próprias matas que compunham a vegetação do Brasil atlântico.

Na sua conformação original – tendo por referência o quadro encontrado pelos colonizadores – as florestas tropicais iniciavam-se em um longo corredor sul-norte de largura aproximada entre 40 e 50 quilômetros para o interior. Um quadro paisagístico e ecológico que se estendia pelos tabuleiros do Nordeste Oriental, desde a Paraíba e *pro parte* o Rio Grande do Norte, Pernambuco, Alagoas e Sergipe, atingindo os bordos internos do Recôncavo Baiano, até Feira de Santana. Ao sul-sudoeste do Recôncavo elas se estrangulam sensivelmente, cedendo lugar a uma semiaridez oeste-leste responsável por caatingas espinhentas pontilhadas por *inselbergs* na região de Milagres, município de Amargosa.

A altura do corredor de terras baixas do sul da Bahia, interpostas entre a linha de costa e a borda do Planalto Sul-Baiano (altiplano de Vitória da Conquista/ Poções-Geraizinhos), as matas atlânticas transformavam-se em costeiras e orográficas. O retorno e a (re)entrância da umidade atlântica desdobrava os setores em matas das terras baixas quentes e úmidas e matas de rebordos orientais do Planalto Sul-Baiano que atingiam um trecho restrito do reverso da Serra, tomando aí o nome popular de "matas frias". Nessa área, de leste para oeste, efetuavam-se passagens bruscas e bem marcadas da "mata fria" para as "matas de cipó" e, logo, para o ambiente desolado de legítimas caatingas planálticas. Um transecto de sul para o norte no aludido Planalto mostrava-nos modificações altitudinais nas elevações de Geraizinhos, incluindo mais para o norte uma inserção de cactos esguios, reconhecidos por facheiros.

A partir do sul-sudeste da Bahia, na direção do distante e marginalizado nordeste de Minas Gerais, as matas atlânticas nos vales oeste-leste das bacias dos rios Pardo e Jequitinhonha apresentam padrões frágeis nas suas transições sub-regionais e nos setores menos favorecidos pela umidade atlântica. É somente a partir do vale do Rio Doce que as florestas densas dos tabuleiros costeiros revestem a Serra do Mar espírito-santense e se adentram pelos largos compartimentos do vale, em território mineiro, abrangendo centenas de quilômetros para o interior, até as fraldas orientais da Serra do Espinhaço. Por sua vez, a porção sul e sul-oriental de Minas Gerais apresentava um quadro tão contínuo de florestas tropicais em áreas geomorfológicas típicas de "mares de morros", que foi denominada Zona da Mata mineira. Um espaço de florestas tropicais que se estendia desde a porção ocidental das serranias fluminenses até Santos Dumont, Juiz de Fora e Manhuaçu, sofrendo modificações drásticas nos altiplanos campestres, dotados de ecossistemas híbridos ocorrentes entre Tiradentes e Barbacena. O nível de interiorização das matas atlânticas no Sul de Minas/ Interior Fluminense perfaz de 500 a 600 quilômetros para o interior, comportando sempre florestas tropicais de planaltos dotados de clima mesotérmico, com 18° a 20°C de temperatura e 1300 a 1600 mm de precipitações anuais. Com fortes acréscimos de chuvas e nevoeiros na fachada atlântica da Serra do Mar e da Serra da Mantiqueira. Nas bordas do Planalto Atlântico paulista ocorrem os sítios de mais elevada precipitação média de todo o país (na Serra de Itapanhaú, ao fundo do canal de Bertioga, envolvendo chuvas de ordem de 4 500 mm anuais e fortes nevoeiros).

À altura do Estado de São Paulo, as matas atlânticas penetram por todos os planaltos interiores, com fortes irregularidades na depressão periférica central do território, onde ocorre um espaçado mosaico de cerrados, matas em faixas de calcários e terras roxas oriundas da decomposição de basaltos. Não são os climas tropicais mesotérmicos dos planaltos que garantem a presença de florestas biodiversas, mas, sim, a riqueza de algumas grandes manchas de solos ricos e influências orográficas na Serra do Mar, rebordos sul-orientais e ocidentais da

A Serra da Mantiqueira nos arredores de Campos do Jordão: ecossistemas de florestas subtropicais de altitude. Região de "campos de cimeira" e eventuais bosques de araucárias (não visíveis). Forte desmate nas vertentes serranas.

Mantiqueira e escarpas de *cuestas* arenítico-basálticas do interior. Ao todo, existiam 82% de florestas tropicais de planaltos, contrapondo-se aos 15% de redutos de cerrados e cerradões. O restante era dotado por ecossistemas de planícies aluviais e planícies costeiras de restingas e uma parte muito pequena de campos com bosques de araucária nos altos da Mantiqueira (Campos do Jordão) e no Planalto da Bocaina. Existem, ainda, a considerar os minirredutos de cactáceas bromélias de lajeados em cimeira de algumas serrinhas e escarpas: lajeados da Serra do Jardim em Valinhos-Vinhedo e altos da Serra do Japi, por entre campos de matacões em Salto e em Itu, em locais restritos da Serra de São Francisco, no entremeio de bosques do município de Rio Claro e em emergências rochosas das *cuestas* interiores de São Paulo.

A grande extensão de matas tropicais – costeiras, orográficas e de planalto – em São Paulo reflete diferentes combinações de fatores. Durante o ciclo do café, fazendeiros e trabalhadores sabiam identificar empiricamente os diferentes tipos de matas existentes nos planaltos interiores e, sobretudo, através de alguns componentes arbóreos, identificar fertilidades e adequações dos solos que serviam de suporte ecológico a determinados tipos de mata. Um pesquisador anônimo identificou as matas do entorno da Serra do Diabo, no Pontal de Paranapanema, como uma vegetação arbórea de segunda classe, composta de árvores de troncos finos e chão forrado de bromélias. Em compensação, identificou a vegetação biodiversa densa das altas do morro, testemunho interfluvial, mantida por arenitos com cimento calcário (Formação Bauru superior), como sendo mata de primeira classe, a de maior aptidão agrícola a despeito de sua reduzida projeção espacial nos altos do serrote do "Diabo". Foram fatos como este que comandaram a expansão das fazendas por espigões divisores e manchas de oxissolos roxos, na dinâmica das franjas pioneiras de São Paulo. A própria seleção dos eixos ferroviários se fez por indicações similares para a extensão progressiva das "pontas de trilhos" em arcos e setores de rentabilidade agrária e urbana mais garantidas.

Por fim, é necessário registrar que as matas tropicais densas e biodiversas do norte do Paraná, contíguas às matas de classe do interior do Pontal do Paranapanema, contornavam os altiplanos paranaenses pelo leste, beneficiando o vale do Ribeira e se estendendo pelo litoral e "meia-serra" do Mar do Paraná, com penetrações nas bordas ocidentais da fachada oriental de Santa Catarina. Quando parecia terminar no sudeste catarinense, as florestas biodiversas projetavam-se pelo piemonte e "meia-serra" dos Aparados, dobrando a esquina do Planalto Norte Gaúcho e recobrindo a maior parte da Serra Gaúcha, desde Taquara até além de Santa Maria da Boca do Monte.

Desde que se desenvolveram os primeiros estudos sobre as variações climáticas do Quaternário, através das pesquisas sobre depósitos glaciários nos sessenta pés dos Alpes, houve uma grande curiosidade para saber o que teria acontecido na mesma época com as regiões tropicais e equatoriais. Caberia ao glaciologista franco-suíço Louis de Agassiz, ao ensejo de sua viagem ao Brasil, na expedição por ele organizada (*Thayer Expedition*), iniciar observações sobre a estrutura superficial da paisagem nos arredores do Rio de Janeiro, onde se constatou a presença de uma linha de pedras composta por fragmentos de quartzo existente na base dos solos avermelhados que serviam de suporte para as densas matas biodiversas que revestiam as vertentes arredondadas dos morros. Observou-se bem a geologia de superfície, mas não havia ainda condições para uma interpretação correta de significado paleoclimático das *stone lines*. Imaginou-se que geleiras cavalgantes, descendo de pontões rochosos e penedos, tivessem friccionado os solos antigos e triturado as cabeças de diques de quartzo, acobertando o chão com fragmentos. Na época, houve muitas críticas da comunidade científica internacional às ideias de Agassiz, dirigidas sobretudo em relação a uma interpretação sobre a origem antes da instalação das florestas.

Ninguém, por muito tempo, voltou a se interessar objetivamente pela gênese da "linha de pedras" expostas em barrancos de morros e colinas na região em que foram observadas pela primeira vez por Agassiz. Pesquisas posteriores, feitas nos anos 1920 e realizadas em outros setores do território, pareciam ter realizado interpretações mais corretas e importantes do ponto de vista paleoclimático, mas não foram bem reparadas por cientistas brasileiros ou estrangeiros (Ab'Sáber).

Caberia a uma plêiade de grande pesquisadores europeus (re)descobrir a temática das *stone lines* postadas abaixo de solos tropicais recobertos por matas atlânticas. Os geomorfologistas franceses Jean Tricart e André Cailleux, vindos ao Brasil a fim de participar do XVIII Congresso da UGI (União Geográfica Internacional – 1956), tiveram interesse particular na questão das linhas de pedra subsuperficiais, exibidas nos cortes de estradas, nos caminhos, nos barrancos e em diversas áreas do país, independentemente de conhecer as raras interpretações anteriores. E, ao regressarem à França, Cailleux e Tricart apresentaram um trabalho extremamente interessante à Sociedade de Biogeografia (1957). No trabalho, além de interpretar as linhas de pedras como um tipo de paleomovimento detrítico gerado em climas semiáridos, os autores deram início à compreensão da história vegetacional onde se instalaram e se expandiram as matas atlânticas, registrando em pequeno mapa a visualização dos possíveis espaços ocupados no passado por outras coberturas vegetais de clima seco, em prejuízo das matas retraídas e confinadas a uma estreita faixa costeira marginal atlântica. Uma cartografia genérica e tentativa, que anos depois seria mais bem aproveitada pelos pesquisadores que introduziram as ideias básicas da Teoria dos Redutos Florestais (Ab'Sáber) e dos Refúgios de Fauna (Haffer e Vanzolini), no decorrer da década de 1960.

Nisso tudo, é a história vegetacional das matas atlânticas – sobretudo entre o Pleistoceno Superior e o Holoceno – que está em jogo. Em uma visualização dinâmica e interdisciplinária dos fatos paleoclimáticos e paleoecológicos, pode-se sintetizar os acontecimentos do seguinte modo: No período Würm IV – Wisconsin Superior, durante a última glaciação pleistocênica, quando se formaram fantásticas geleiras nos polos Norte e Sul e em cordilheiras e altas montanhas, o nível do mar desceu até cem metros menos do que seu nível médio atual. As temperaturas médias em todo o planeta baixaram de 3 a 4°C, rebaixando o nível de calor das terras baixas intertropicais e tornando bem mais frio o ambiente das regiões subtropicais e temperadas e muito mais fria a temperatura das montanhas a altiplanos existentes à altura dos trópicos (Itatiaia, por exemplo, entre nós).

O grande acontecimento, porém, foram os deslocamentos das correntes marítimas frias ao longo da face leste dos continentes, sujeitos, até então, apenas aos efeitos de correntes quentes, propiciadoras de umidade. As correntes frias, projetando-se para o norte – até a altura da Bahia, no caso brasileiro – contribuíram para barrar a entrada de umidade atlântica, devido a uma atomização das massas de ar úmido. Estando o mar em nível mais baixo, as correntes frias (Malvinas/Falklands) ficavam mais distantes da costa antiga, contribuindo indiretamente para a expansão dos climas semiáridos ao longo do litoral recuado e na retroterra de algumas regiões situadas em depressões de escarpas e serranias, ou em transição forte da faixa sublitorânea na direção dos sertões da época.

Ao mesmo tempo em que as correntes frias, estendidas para o norte, criavam uma condição de aridez nublada (ao que tudo faz pensar), as massas de ar tropicais e equatoriais tornavam-se impotentes em seus avanços para o sul, para o sudeste interior e para o próprio centro-sul visto em seu conjunto. De tal forma que não entrava grande umidade pelo leste-sudeste e pelo sul, provocando largas extensões de climas semiáridos, sobretudo no interior de depressões interplanálticas e vales intermontanos. Foram processos que se fizeram atuar, progressivamente, por alguns milhares de anos, provavelmente 23 000 anos A.P. até 12 700 anos A.P. (Antes do Presente). Nesse interespaço de tempo, nos "corredores" da semiaridez em processo, feneceram as coberturas florestais anteriores, processou-se uma generalizada dessoalagem dos horizontes superficiais dos solos preexistentes e um extraordinário avanço das caatingas por muitos setores dos planaltos e terras baixas interiores do Brasil. Concomitantemente com a progressão da semiaridez, houve recuo e fragmentação dos espaços anteriormente florestados, permanecendo matas biodiversas apenas nas "ilhas" de umidade da testada de algumas escarpas voltadas para os ventos úmidos de exceção, tendo as florestas anteriores ao avanço da semiaridez permanecido em *redutos* sob a forma de um ecossistema espacialmente minoritário (Ab'Sáber). Tomando conhecimento desses fatos e acontecimentos, alguns biólogos atingiram um maior nível de tratamento, dizendo que a redução fragmentária das florestas ocorreu junto a uma refugiação progressiva da fauna ombrofílica, com densificação de população em espaço relativamente restrito. Daí decorre a expressão "Teoria dos Refúgios", que preferimos desdobrar em teorias dos Redutos de Vegetação e dos Refúgios da Fauna.

O importante a assinalar é que o acréscimo progressivo de espécies animais no interior dos redutos espaçados entre si tornou possível, no decorrer de alguns milhares de anos, o surgimento de subespécies ou mesmo de espécies nas áreas de refúgios considerados como espaços privilegiados de evolução, verdadeiras bombas-relógio de fenômenos evolutivos, segundo Jürgen Haffer (1989), um dos fundadores principais da Teoria dos Refúgios, sem que se esqueça, porém, da atuação independente e brilhante do brasileiro Paulo Emílio Vanzolini (1970).

Vanzolini, "falando com as mãos", explica que cada refúgio, isolado dos outros por caatingas, provocou subespeciação em separado. Resultou daí, como todos hoje pensam, um distúrbio na distribuição geográfica das espécies, já que durante o que chamamos de (re)tropicalização não aconteceu uma coalescência integral e homogênea a partir dos redutos e refúgios em processo de (re)expansão ou (re)emendação. Foi assim, por esses caminhos transversos, que se produziram as matas atlânticas tal como foram encontradas pelos primeiros colonizadores, a partir da Costa do Descobrimento, há quinhentos anos. Uma história vegetal e faunística que, ao fim do século XX, reencontra ideias de processos evolutivos que se iniciaram de modo magistral com as observações de Charles Darwin no Arquipélago de Galápagos. No fundo, trata-se de problemas fisiográficos e biológicos vinculados às consequências paleoclimáticas e oceanográficas, diretas ou indiretas, no Brasil, não podendo mais indicar e proteger as matrizes de redutos e refúgios. Torna-se necessário defender todas as áreas remanescentes possíveis e representativas de biodiversidade *in situ*, através dos mais variados tipos de unidades de preservação.

Os contrastes topográficos e geológicos existentes entre os dois principais domínios florestais biodiversos do Brasil são muito flagrantes. A Amazônia Brasileira é marcada pela predominância de terras baixas, extensivamente recobertas por florestas biodiversas, em um eixo leste-oeste, ao longo do Equador. O Brasil Tropical Atlântico, por sua vez, é caracterizado por uma compartimentação topográfica muito mais complexa, sob uma vestuária norte-sul de florestas bastante contínuas, dotadas de marcante biodiversidade. Florestas zonais na Amazônia; floresta azonal no Brasil Atlântico. Rochas paleozoicas e cenozoicas predominando na área *core* do domínio morfoclimático e biogeográfico amazônico. Rochas cristalinas e cristalofilianas – em geral muito decompostas – no Brasil Tropical Atlântico. Geologicamente, um gigantesco paleogolfo vindo de oeste – anterior ao levantamento dos Andes, na Amazônia. No Brasil Oriental, há predominância de terrenos pré-cambrianos, herdados da fragmentação do antigo continente de Gondwana. Incluindo sincopadamente estreitas faixas de terrenos sedimentares cretácicos e terciários na zona costeira e importantes bacias tectônicas oleígenas na plataforma continental (Bacia Potiguar, Bacia de Alagoas-Sergipe, Bacia do Recôncavo, Bacia de Campos, Bacia de Santos e Bacia de Pelotas).

Em ambos os grandes domínios florestais do Brasil intertropical, constatam-se variações laterais de composição biótica, relacionadas com a sua complexa história vegetacional no decorrer do Quartenário. Na Amazônia, diferenciações intersticiais na composição de ecossistemas florestais, nas bordas do grande anfiteatro de terras baixas, extravasando para fora do Brasil, uma região cisandina, até alguns milhares de metros. No Brasil Atlântico, sutis diferenciações na biota vegetal da base das serranias e escarpas até os planaltos anteriores de São Paulo, Minas Gerais e norte do Paraná, com maior ênfase nas altas vertentes da Serra do Mar, Serra da Mantiqueira e Maçico do Pico da Bandeira. Redutos de araucárias e bosques tropicais em altiplanos, em Campos de Jordão (SP), Bocaina e Rio Verde (MG). Enclaves relictos de cerrados e cerradões no entremeado de matas em solos arenosos pobres da depressão periférica paulista e trechos dos planaltos interiores, onde se expõem solos arenosos igualmente pobres. Um apreciável reduto de cactáceas e espécies xeromorfas na região costeira e restingas de Cabo Frio e Macaé. Minirrelictos de cactáceas e bromélias em setores rochosos de serras (cimeiras da Serra

Escarpa da Serra do Mar na região de Ubatuba: pequenos vales de grande declividade descem do alto da serra. Foto de Paulo Florençano (1950).

de Jardim, em Valinhos-Vinhedo) de morros-testemunho arenosos (*cuestas* centro-orientais paulistas) e bordas de matas de galeria em campestres eventuais da Bacia de Rio Claro.

Na zona costeira do Brasil Tropical Atlântico existem ecossistemas complementares das matas atlânticas, diferenciados pela existência de suportes ecológicos específicos. Com especial destaque para os pântanos salinos, onde se desenvolveram os mais típicos biomas de planícies de mares conhecidos no cinturão tropical do planeta: os manguezais. Ao longo do Brasil Atlântico do Leste e Sudeste – em margens de estuários e lagamares em colmatagem (tipo "Baixada Santista"), bordas de lagunas e deltas intralagunares – ocorrem manguezais sincopados. Trata-se de *helobiomas* salinos, mantidos em plainos visitados duas vezes ao dia pelas águas de marés entrantes. Um tipo especial de *tidal flat*. Nos cordões de areia representado por feixes de restingas ocorrem *psamobiomas* de diferentes composições, entre os quais se destacam os *jundus* da costa paulista. Fazendo grande contraste com os manguezais, os jundus constituem um tipo de ecossistema *psamófilo*, em que os suportes ecológicos foram forjados por uma evolução integrada de componentes vegetais e terra lixo, mantenedora das vegetações-clímax.

No que concerne aos manguezais – a despeito de sua distribuição sincopada – eles se comportam como os ecossistemas mais presentes e relativamente homogêneos da costa atlântica tropical brasileira. Entretanto, as variações de sistemas ecológicos nas planícies de restingas são mais contundentes. Nas rasas enseadas da costa nordestina oriental – atualmente muito interferidas pelos extensos coqueiros ou sítios urbanos – existiam ecossistemas psamófilos, que na falta de um nome mais adequado foram chamados por *mata do dendê*. Campos de dunas de diferentes idades e espaços de ocorrência podem apresentar vegetação arbustiva fixadora (tipo psamobioma) ou esgarçados setores de dunas em processo de reativação ou já reativadas.

À altura de Cabo Frio/Macaé no litoral fluminense, a planície de restinga era ocupada por caatingas espinhentas: os únicos redutos de vegetação do velho domínio das caatingas existentes em toda a costa oriental do Brasil. Um fato que se estende para as colinas frontais semirrochosas das bordas das planícies de restinga, incluindo outros componentes das caatingas brasileiras do Nordeste Seco. A velha identificação desse setor costeiro de exceção – o "cabo frio" – possibilitou interpretar a combinação de fatores que responde pela presença de aludido reduto de caatingas na referida região. O estudo comparativo dos manguezais do Norte (Maranhão, Pará, Amapá) em face dos manguezais do Leste e Sudeste do Brasil permite observar:

Os extensos manguezais do Norte – aqui, assim designados, envolvendo a costa noroeste do Maranhão e nordeste do Pará e Amapá – foram constituídos em sua maioria durante o regresso das águas que posteriormente, no *optimum* climático, alcançaram alguns metros acima do mar atual (6000 a 5500 anos A.P.). Os rios renascentes de Portel e Caxiuanã permitem conhecer a força do afogamento do nível glácioeustático de três metros e meio acima do nível médio atual, em uma época em que passavam pelo Canal de Breves na direção do longo estuário do Rio Pará, onde houve acumulação de grande quantidade de argila durante o estreitamento do canal de Breves. No seu contexto atual, ocorre um forte fluxo de sedimentos finos sob a forma de uma grande bolha de depósitos em solução e derivando-se toda para a costa amazônica, reconhecida sob o nome tradicional de "Mar Dulce".

O domínio dos "mares de morros" corresponde à área de mais profunda decomposição das rochas e de máxima presença de mamelonização topográfica em caráter regional de todo o país. A alteração das rochas cristalinas e cristalofilianas atinge aí o seu maior desenvolvimento, tanto em profundidade quanto em extensão, chegando a ser universal para enormes setores das regiões serranas acidentadas dos planaltos cristalinos do Brasil de Sudeste (núcleo sul-oriental do Escudo Brasileiro). É uma paisagem de forte expressão areolar, que se estende por algumas centenas de milhares de quilômetros quadrados, refletindo a ação dos processos morfoclimáticos tropicais úmidos em uma faixa hipsométrica cuja amplitude é superior a mil metros (pois, a partir de dois a três metros acima do nível do mar, pode atingir até 1000 a 1100 m ou um pouco mais).

A área *core* do domínio dos "mares de morros" é encontrada sobretudo nas regiões serranas granítico-gnáissicas florestadas do Brasil de Sudeste, com tipicidade máxima nas zonas mamelonizadas extensivas da bacia do Rio Paraíba do Sul. Em 1939, referindo-se a certas particularidades do modelado do relevo do Brasil Tropical Atlântico, escreveu Pierre Deffontaines: "os granitos [*sic*] fornecem também cumes arredondados mas frequentemente menos bruscos; não se chamam mais 'pães de açúcar' e sim 'meias laranjas' ou 'cascos de tartaruga'". Lembrou, ainda, que às vezes eram encontradas "paisagens inteiras cheias dessas calotas, dando um aspecto de agitação marítima que é bem definida pela expressão 'mar de morros'". Através dessa primeira aproximação, o autor estava atingindo as raias de um critério que hoje julgamos ser da mais alta importância para a caracterização de toda uma província morfoclimática do território brasileiro.

As repercussões dos processos morfoclimáticos tropicais úmidos (que criaram a região dos "mares de morros"), nas áreas sedimentares ou basálticas do interior paulista ou do norte do Paraná, não são tão intensas por razões puramente litológicas e morfoestruturais. Nessas áreas, onde não existem exposições de terrenos cristalinos ou cristalofilianos, aparece uma espécie de subdomínio atenuado de feições geomórficas aparentadas, as quais, *lato sensu*, ainda poderiam ser incluídas ao *core* da grande província morfoclimática regional. Tais fatos servem para nos demonstrar que a decomposição profunda e a mamelonização intensa constituem fatos preferenciais das áreas cristalinas e cristalofilianas fortemente deformadas e diaclasadas e facilmente sujeitas a um intemperismo químico profundo, posto que diferencial.

Se é fácil entender por que a área nuclear do domínio morfoclimático tropical úmido do Brasil de Sudeste extravasa até o setor nordeste da Bacia Sedimentar do Paraná e inclui pequeno trecho da extremidade meridional da bacia do São Francisco, é bem difícil predizer ou demarcar até onde iriam as influências dos processos morfoclimáticos peculiares aos "mares de morros", caso houvesse exposições de terrenos cristalinos nas aludidas áreas. Acontece aqui exatamente o contrário daquilo que se observa na Amazônia, onde a área *core* encontra-se dominantemente localizada sobre a faixa sedimentar do grande anfiteatro de terras baixas regionais. Note-se, ainda, que, nos outros dois grandes domínios morfoclimáticos intertropicais brasileiros (área dos cerrados e área das caatingas), o *core* pode abranger, indiferentemente, tanto os terrenos sedimentares como os núcleos expostos dos escudos.

Setores de relevo mamelonizado, recobertos pela mata atlântica, aparecem desde a zona da mata nordestina até as regiões cristalinas granítico-gnáissicas mais costeiras de Santa Catarina e Rio Grande do Sul. Entretanto, enquanto tais áreas de topografias mamelonares situam-se apenas em regiões litorâneas ou sublitorâneas dotadas de rochas cristalinas (em níveis altimétricos inferiores a 300 m no Nordeste e abaixo de 150 m no Rio Grande do Sul), a mamelonização no Brasil de Sudeste se inicia à altura das colinas cristalinas da baixada da Guanabara, a poucos metros de altitude, para alcançar, depois, níveis de 1100 a 1200 m, a algumas centenas de quilômetros para o interior, em pleno sul de Minas Gerais, nordeste de São Paulo e porção ocidental do Espírito Santo. Desse fato decorre a nossa tendência a identificar a parte essencial da área *core* deste domínio morfoclimático tropical atlântico nas terras do Brasil de Sudeste, tendo como protótipo o relevo serrano da bacia do Rio Paraíba do Sul. Na realidade, porém, o relevo mamelonizado dos baixos morros cristalinos da Zona da Mata nordestina ou da porção oriental do Escudo Uruguaio-sul-rio-grandense constitui extensões restritas e marginais dos processos morfoclimáticos responsáveis pela gênese dos "mares de morros" do Brasil de Sudeste. A simples verificação das fotografias aéreas destas áreas, ou mesmo o exame rápido dos fotoíndices da documentação aerofotogramétrica de tais regiões, servem para demonstrar o "ar de família" iniludível de tais topografias extensivamente mamelonizadas.

A partir do Pico de Jaraguá, na direção de Campinas, Itu e Salto, estendem-se as sincopadas serranias de São Roque-Jundiaí, outrora florestadas até o início das paredes rochosas do pico (nos "altos" psamobiomas e rupestresbiomas). Foto do autor, 1950.

Em todas as áreas mamelonizadas e florestadas do Brasil Tropical Atlântico, dotadas de certa amplitude altimétrica, aparece a seguinte combinação de fatos fisiográficos:

– decomposição funda e universal das rochas cristalinas ou cristalofilianas, desde 3 a 8 m até 40 a 60 m de profundidade, salvo nas áreas de ocorrência de "mares de pedra" (Serra do Quilombo-Salto), de "pães de açúcar" e de "espinhaços" quartzíticos (Japi, Boturuna, Jaraguá, serras do Quadrilátero Ferrífero);

– presença extensiva de *red yellow podzolies* ou latossolos nas vertentes e interflúvios dos morros arredondados, desenvolvidos sobre depósitos de cobertura elúvio-coluviais posteriores às *stone lines* e, eventualmente, sobre os próprios regolitos das rochas cristalinas ou cristalofilianas;

O morro de Penedo, na baía de Vitória (ES). Na base do pontão rochoso, a ranhura de abrasão produzida pela ascensão do nível do mar a mais de três metros do que atualmente (5500 e 6000 anos A.P.). Desenho de Hartt, 1870.

– superposição de solos devido às derradeiras flutuações climáticas do Quaternário, com aparecimento frequente de linhas de pedras (*stone lines*) enterradas a 1,5 a 2 m de profundidade nos morros e colinas cristalinas de nível intermediário, representando paleopavimentos detríticos inumados por depósitos de cobertura coluviais;

– mamelonização universal das vertentes baixas e médias, até níveis altimétricos de 1100 a 1200 m – na área nuclear da província morfoclimática – fato que incide tanto nos outeirinhos insulados nas baixadas litorâneas (*shantungs*), como até mesmo nos taludes de alguns tipos de terraços fluviais e de paleopedimentos dissecados;

– presença de "pães de açúcar" nas áreas onde o espaçamento das diáclases tectônicas é anormalmente grande (medindo-se por centenas de metros) e onde as repercussões das diáclases recurvas, relacionadas com os fenômenos de *unloading*, são mais frequentes (Rio de Janeiro, Espírito Santo e nordeste de Minas Gerais);

– área em que se processou um máximo de camuflagem das feições geomórficas herdadas de fases climáticas anteriores (tais como superfícies aplainadas, pedimentos, terraços climáticos, *inselbergs*, cabeceiras em anfiteatro), devido à extensividade dos processos de mamelonização;

DOMÍNIO TROPICAL ATLÂNTICO

- drenagem originalmente perene até para os menores ramos das redes hidrográficas regionais, altamente dendritificadas e muito densas, características da região;
- lençol d'água subterrâneo alimentando permanentemente – na paisagem natural – durante e entre as chuvas, a correnteza dos cursos d'água;
- nas bacias superiores da drenagem, em áreas de decomposição profunda das rochas cristalinas, presença de "rios negros", transportadores perenes de reduzidas cargas de sedimentos finos, acrescidas de materiais húmicos e siltes;
- cobertura florestal contínua (da Mata Atlântica) por grandes áreas, desde o fundo dos vales até as mais altas vertentes e interflúvios, desde 2 a 3 m acima do nível do mar até espigões divisores situados entre 1100 e 1 300 m;
- lençol d'água superficial do chão das florestas, em forma difusa e anastomosada, por entre o tronco das árvores, com redistribuição e autoadubação do solo da floresta pela ação do lençol difuso, com formação permanente de horizontes A^{00} A^0 e A (na paisagem primária);
- não-incidência dos raios solares sobre o solo ou afloramentos eventuais de rochas, devido à interferência dos diversos andares da vegetação florestal, com a elaboração de um microclima especial no interior da mata;
- forte cota de umidade do ar, comportando certa estabilização das condições microclimáticas e ecológicas no interior do ambiente florestal;
- equilíbrio sutil entre os processos morfoclimáticos, pedológicos, hidrológicos e biogênicos (plenitude da biostasia, conforme a concepção de H. Erhart); porém imediato desequilíbrio quando sujeito a ações antrópicas predatórias (resistasia, de Erhart);
- região sujeita a notável antroporresistasia após algumas dezenas de anos de uso desregrado dos solos (de que é exemplo máximo a situação lamentável das paisagens dos morros do médio vale do Paraíba do Sul por onde passou o café no século passado);
- presença frequente de planícies alveolares em pontos de concentração de drenagem ou a montante de soleiras de rochas resistentes, em áreas serranas de amplitude topográfica razoável;
- presença de calhas aluviais em setores de vales subsequentes ou vales adaptados a diáclases tectônicas, ângulos de falha ou falhas;

– largas calhas aluviais embutidas em bacias sedimentares modernas, de compartimentos de planalto (tipo planície do Tietê-Pinheiros, planície do alto Iguaçu, planície do médio Paraíba).

O domínio dos mares de morros é o meio físico mais complexo e difícil do país em relação às construções e ações humanas. Aí, mercê das condições que vimos de expor, tanto é difícil o encontro de sítios urbanizáveis (Ab'Sáber, 1957) – salvo para o caso das zonas colinosas das bacias de compartimento de planalto – como igualmente difícil é a abertura de estradas e sua conveniente conservação. Por outro lado, é a região sujeita aos mais fortes processos de erosão e de movimentos coletivos de solos de todo o território brasileiro, haja vista o caso das catastróficas ações de enxurradas e escorregamentos de solos que frequentemente – e de modo espasmódico – têm afetado as áreas urbanas de algumas grandes aglomerações humanas brasileiras localizadas em morros ou por entre morros (Rio de Janeiro, Santos, Petrópolis). No caso, a falta de aproveitamento das experiências acumuladas em todo um século de obras de engenharia (estradas de ferro, rodovias e autoestradas), assim como a redução demasiada das obras de arte complementares às construções têm conduzido a gastos supérfluos de dinheiro público e a um desgaste inimaginável de materiais e veículos dos usuários das aludidas obras, para não falar da perda de vidas e das situações de calamidade social. Firmas construtoras acostumadas a operar em outros domínios morfoclimáticos do país, quando solicitadas a trabalhar na construção de estradas na área da Serra do Mar e na região dos "mares de morros", têm sido muito infelizes em suas operações, por causa do seu completo desconhecimento das sutilezas do meio físico regional. Diríamos que o desconhecimento da teoria da biostasia e da resistasia (Erhart, 1955 e 1956) por parte dos engenheiros e supervisores de obras públicas no meio tropical úmido brasileiro é responsável por prejuízos realmente incalculáveis para o nosso país.

O extraordinário volume global de rochas alteradas ou decompostas existentes no domínio dos "mares de morros" constitui um fato de importância fundamental para o conhecimento morfogenético das áreas intertropicais. Note-se, por outro lado, que a destruição de uma parte que fosse da massa de regolitos dessa área seria suficiente para fornecer sedimentos para diversas bacias de compartimento de planalto, similares àquelas existentes no próprio interior do Brasil de Sudeste (Bacia de Taubaté, Bacia de São Paulo, Bacia de Curitiba). Dessa forma, o conhecimento da estrutura superficial da paisagem atual do domínio dos "mares de morros" é de grande utilidade para a compreensão da geomorfologia retrospectiva plio-pleistocênica das regiões intertropicais, conforme revisão por nós feita em trabalho anterior (Ab'Sáber, 1965).

5
AMAZÔNIA BRASILEIRA:
UM MACRODOMÍNIO*

No cinturão de máxima diversidade biológica do planeta – que tornou possível o advento do homem – a Amazônia se destaca pela extraordinária continuidade de suas florestas, pela ordem de grandeza de sua principal rede hidrográfica e pelas sutis variações de seus ecossistemas, em nível regional e de altitude. Trata-se de um gigantesco domínio de terras baixas florestadas, disposto em anfiteatro, enclausurado entre a grande barreira imposta pelas terras cisandinas e pelas bordas dos planaltos Brasileiro e Guianense.

De sua posição geográfica resultou uma fortíssima entrada de energia solar, acompanhada de um abastecimento quase permanente de massa de ar úmido, de grande estoque de nebulosidade, de baixa amplitude térmica anual e de ausência de estações secas pronunciadas em quase todos os seus subespaços regionais, do golfão Marajoara até a face oriental dos Andes. Enfim, traz para o homem um clima úmido e cálido, com temperaturas altas porém suportáveis, chuvas rápidas e concentradas, muitos períodos desprovidos de precipitações e raros dias de chuvas consecutivas.

Na direção de suas periferias extremas, há uma discreta acentuação de sazonalidade, incluindo ondas de "friagem" desde o oeste de Rondônia

---

* Publicado originalmente com o título "No Domínio da Amazônia Brasileira" em Leonel Katz e Salvador Mendonça (orgs.), *Amazônia, Flora e Fauna*, Rio de Janeiro, Alumbramento, 1993-1994.

até o Acre. Durante o inverno, isto se deve à força de penetração do braço mais interior da massa de ar tropical atlântico para a Amazônia Ocidental. O fato de possuir terras nos dois lados da linha do Equador reflete, diretamente, na marcha dos períodos de maior precipitação no espaço total da Amazônia. Enquanto o sul da Amazônia Brasileira é dominado por chuvas de verão austral (de janeiro a março), o norte da região recebe precipitações maiores durante o verão boreal (de maio a julho). Entre esses dois períodos extremos, existem transições progressivas, sendo que na maior parte da calha central oeste-leste do Amazonas chove também nos meses de março a maio. Resulta daí que as grandes cheias do Rio Negro, por exemplo, necessitam da coincidência entre os períodos chuvosos da Amazônia centro-ocidental com o setor noroeste do estado do Amazonas. Em compensação, a parte central do Rio Amazonas mantém estabilidade relativa de seu próprio nível d'água. O decréscimo do abastecimento hídrico – que depende da estiagem dos rios da margem direita, provenientes do Brasil Central – corresponde a um sincrônico aumento da injeção de águas por parte dos tributários da margem esquerda, vindos do Hemisfério Norte. Trata-se de uma interferência de tributação hidrológica, suficiente para evitar grandes oscilações de níveis no grande rio.

Com exceção da pequena área dos campos de Boa Vista, a Amazônia Brasileira recebe precipitações anuais da ordem de 1 600 a 3 600 mm, por um espaço geográfico avaliado em 4,2 milhões de quilômetros quadrados. Ao longo desse imenso território destacam-se três núcleos de alta pluviosidade, separados por dois eixos cruzados de largas faixas de atenuação relativa de precipitações. O primeiro desses espaços excessivamente chuvosos situa-se na fachada atlântica da Amazônia, entre o nordeste do Pará, o golfão Marajoara e o Amapá, onde por 500 mil quilômetros quadrados de área predominam precipitações anuais da ordem de 2 000 a 3 500 mm, sob temperatura média de 25,5 a 26,5 °C. Uma outra grande mancha de precipitações extensivamente elevadas localiza-se ao norte de Mato Grosso e na área fronteiriça do sudoeste do Pará com o sudeste do Amazonas e no extremo nordeste de Rondônia. Nessa região ocorrem precipitações de 2 500 a 2 800 mm, por uma distância aproximada de 650 mil quilômetros quadrados de extensão. E, finalmente, bem separada dos dois anteriores, a grande faixa oeste-noroeste do estado do Amazonas, onde as precipitações variam progressivamente de 2 500 a 3 600 mm, através de um espaço de, no mínimo, sete mil quilômetros quadrados de área.

Entre as regiões de maior pluviosidade ocorrem algumas transversais de atenuação de grandes chuvas, dotadas de eixos muito divergentes e totalmente diferenciados: a transversal noroeste-sudeste, de Roraima ocidental ao extremo norte de Tocantins (Bico do Papagaio), com precipitações que giram entre 1700 e 1 800 mm; a transversal sudoeste-nordeste do estado do Amazonas, dotada de braços para o norte e o leste-sudeste (Rondônia), com precipitações médias que variam entre 2 200 e 2 500 mm. Por último, a faixa de fronteira entre o Brasil, o Peru e a Bolívia, onde precipitações decrescem de 2000 para 1700 mm. A soma dos espaços constituídos por essas transversais de menor extensão alcança um total territorial da ordem de 2,3 milhões quilômetros quadrados.

É importante relembrar que na área nuclear do domínio morfoclimático e fitogeográfico da Amazônia – onde predominam temperaturas médias de 24 a 27°C – ocorrem chuvas, em geral, superiores a 1700 mm, alcançando até 3 500 mm em três núcleos, da ordem de mais de 500 mil quilômetros cada um. Praticamente inexiste estação seca no oeste--noroeste da Amazônia e na pequena região de Belém do Pará (Edmon Nimer), onde os climas regionais podem ser considerados superúmidos. Após transições em áreas climáticas que podem ser caracterizadas como úmidas ou superúmidas, com um a dois meses relativamente secos, destaca-se a transversal de atenuação de precipitações, que atravessa a Amazônia desde o leste de Roraima até o médio Araguaia e o extremo norte de Tocantins. Aí, o clima úmido regional comporta de dois a três meses secos, entre agosto e outubro, sofrendo a incidência eventual das mais elevadas temperaturas absolutas de toda a Amazônia (40 a 42°C no centro e sul do Pará e norte de Tocantins).

Mesmo com tais variações regionais, o clima da Amazônia é considerado um dos mais homogêneos e de ritmo anual habitual mais constante de todo o Brasil intertropical. Vinculado a tais condições climáticas baseadas em uma íntima associação entre calor e umidade bastante extensiva, foi possível gerar e autopreservar o grande *contínuo* de florestas biodiversas que se estende desde o nordeste do Pará aos sopés dos Andes, dos arredores da Serra dos Carajás às encostas do Pico da Neblina e serranias ocidentais de Roraima, no Parque dos Yanomamis.

O mundo das águas na Amazônia é o resultado direto da excepcional pluviosidade que atinge a gigantesca depressão topográfica regional. O grande rio, ele próprio, nasce em plena cordilheira dos Andes, através de três braços, onde existem precipitações nivais e degelo de primavera, a mais de quatro mil metros de altitude. Fora este setor andino restrito e localizado, o corpo principal da bacia hidrográfica depende de um regime hidrológico totalmente pluvial.

São simplesmente fantásticos os números referentes à área de extensão da bacia, o volume das águas correntes, a largura média dos leitos e o débito dos grandes rios em diferentes setores. Calcula-se a área total da bacia em mais de seis milhões de quilômetros quadrados. Na Bacia Amazônica, vista em sua totalidade, circulam 20% das águas doces existentes no planeta.

Avalia-se que somente no Brasil, a partir do rio-mestre – o Amazonas – existam 20 mil quilômetros de cursos navegáveis, com saída terminal livre para o Atlântico, embora nem todos com as mesmas condições de navegabilidade. Alguns afluentes apresentam trechos sofríveis, excessivamente dominados por cinturões meândricos que dificultam e aumentam o tempo real dos percursos (Purus, Juruá, entre outros). O comprimento total do rio alcança, aproximadamente, 6570 km.

Panorama do Tabuleiro de Manaus, na área da Pontapelada (75 m de altitude). Um esquema do baixo platô entre o Rio Negro e o Amazonas. Foto de 1953, quando estava sendo ultimado o antigo aeroporto da Pontapelada.

Por longas extensões o Amazonas apresenta profundidades que variam entre 30 e 120 m – medidas que nos dão uma ideia real da espessura e do volume de sua coluna d'água. Toda essa massa excepcional de água alcança o mar, com força suficiente para empurrar oceano adentro a salinidade da faixa costeira do golfão Marajoara ("Mar Dulce"). No baixo Amazonas, o fundo do grande rio encontra-se a dezenas de metros abaixo do nível médio do mar, permitindo que ele corra sempre de encontro às massas de águas salinas da costa.

O conflito entre águas doces e salinas é vencido pelo grande rio, nos estuários da Boca Norte e da Boca Sul (Rio Pará), ainda que comportando mínimos avanços e recuos de salinidade. Os mangues situados nos arredores de Belém revelam a presença dessa discreta salinidade, enquanto os aningais da beira dos furos na região das ilhas demonstram o caráter predominantemente doce das águas. Esse conflito das águas em movimento – mar e rio – é bem representado pelo fenômeno da pororoca, quando se formam vagas ou vagalhões de um a quatro metros ao longo da superfície das águas fluviais. O estrondo da pororoca levou o índio a lhe dar um nome tipicamente onomatopaico, que se manteve intocável na ciência das águas.

Devemos a Lúcio de Castro Soares (1977) uma das mais belas sínteses sobre a hidrografia da Amazônia, num trabalho em que se recuperam informações que vêm desde Spix e Martius (1831) até Maurice Pardé (1955), fixando-se depois em estudos realizados por Harald Sioli (1951, 1957) e Hilgard O'Reilly Sternberg (1950, 1975). O autor nos informa que através de estudos conjuntos, realizados pela antiga Universidade do Brasil, pelo U. S. Geological Survey, pela Marinha Brasileira e pelo DNPM (Departamento Nacional de Produção Mineral), "em período de cheia anual um pouco mais baixa do que a média", a descarga do Rio Amazonas em Óbidos alcançou 216 340 m^3 por segundo, em julho de 1963. Era um dado inusitado para qualquer rio do mundo, fato confirmado em 1967 (24 a 29 de maio), por uma nova medição, desta vez feita pelo DNAEE (Departamento Nacional de Águas e Energia Elétrica), que registrou uma descarga de 227 075 m^3 por segundo.

A nomenclatura popular para diferentes cursos d'água na Amazônia é muito rica, ao mesmo tempo em que possui alta significância científica. Cada um desses nomes traduz conceitos obtidos através de vivências prolongadas. Quando agregados a um topônimo, como acontece na maioria das vezes, as designações passam a ter, para o habitante, um caráter referencial – principalmente para quem não dispunha de qualquer tipo de mapa ou carta, tampouco conhecia os padrões regionais da drenagem em sua totalidade espacial. Cada homem ou comunidade, em seu pequeno espaço de vivência, reconhecia o lugar do seu entorno pelos nomes herdados dos indígenas e tornados tradicionais por pescadores, mateiros, seringueiros, castanheiros e beiradeiros (Furo da Onça, Paraná do Ramos, Baía das Bocas, Furo de Breves, Canal Perigoso).

Os critérios embutidos nas classificações populares dos componentes da drenagem amazônica têm valor científico. O povo da Amazônia reconhece tipos de rios pela cor das águas, pela ordem de grandeza dos cursos d'água, por sua largura, volume e posição fisiográfica, assim como pelo sentido, continuidade e duplicidade da correnteza.

Rio branco é aquele que transporta uma grande carga de sedimentos finos: argilas e siltes em solução, ao mesmo tempo em que arrasta e rola areias na base de sua coluna d'água. Por oposição a esses rios barrentos e amarelados, existem os "negros" ou de águas pretas, como algumas vezes são chamados. Nesse caso, trata-se de rios que nascem e correm entre terras firmes, excessivamente florestadas: rios autóctones da região, não poluídos por sedimentos retirados de outros domínios da natureza, tinturados por motivos biogênicos por soluções complexas provenientes de solos ácidos e de micelas; de produtos orgânicos oriundos do chão das florestas, transformados em complicadas soluções bioquímicas. Os rios negros possuem, na realidade, uma cor que varia entre marrom-tijolo e pó de café, sendo quase totalmente desprovido de material clástico em solução. Entretanto, os raros e pequenos bancos de areia, dispostos em alguns setores rebaixados de suas margens ou em "praias de estiagem", revelam algum transporte basal-lateral de sedimentos arenosos, por retrabalhamento de areias de terraços fluviais também arenosos, da beira do rio principal ou de vales afluentes.

Aos rios altamente contrastados – dotados de águas pretas ou brancas – acrescenta-se um tipo de curso d'água ou setor de rio que exibe águas ligeiramente esverdeadas, como é o caso do baixo Tapajós. Quase sempre os rios de águas verdes vêm de longe. Abandonaram areias na faixa de transição entre cerrados e primeiras grandes matas, sob a forma de bancos, praias de estiagem ou "tabuleiros" de leito, onde algumas vezes ficam registradas largas marcas de ondas fluviais para a desova das tartarugas.

Harald Sioli elaborou minuciosos estudos hidrobioquímicos sobre os rios amazônicos dotados de cores tão diferentes. Vale dizer, ainda, que o conhecimento popular existente na Amazônia projetou-se para considerações ecológicas empíricas sobre o teor de piscosidade desses rios: os "brancos" sempre foram considerados mais ricos em peixes do que os "negros". O mesmo acontece com a fertilidade das terras ribeirinhas: as planícies fluviais dos rios brancos são tidas como mais férteis e seus lagos como mais piscosos; sua drenagem, mais rica em passagens, pela existência de furos, paranás e baixos vales de igarapés.

O furo é sempre um canal fluvial sem correnteza própria, que secciona uma ilha fluvial ou interliga componentes internos de uma planície de inundação. Existem furos que interligam braços de rios no meio de uma planície. Outros que cortam ilhas fluviais, transversal ou obliquamente (Furo do Combu, Furo da Onça, furos do arquipélago fluvial das Anavilhanas). Alguns interligam a beira do rio com um lago da várzea ou mesmo dois lagos de várzea contíguos. E, ainda, outros tantos que ligam um setor de um paraná com o rio principal ou com depressão lacustre de várzea. A falta de correnteza própria e a relativa mansidão das águas de um igarapé estão relacionadas com as oscilações diferenciais dos rios em face dessa área de transbordamento. Ou vice-versa, com o rebaixamento mais rápido do rio, em relação ao escoamento dos lagos anteriormente engordados pela injeção de águas das cheias. Os rios em crescente mandam águas para os lagos através dos furos; com a estiagem, inverte-se a correnteza e os lagos liberam águas para os rios através dos próprios furos. No estuário do Rio Pará existe um verdadeiro labirinto de furos sob a forma de um delta no fundo do estuário, de gênese relativamente recente.

Borda do Tabuleiro de Manaus, sob a forma típica de barrancas de abrasão fluvial, na margem esquerda do Rio Negro, em período de estiagem. Nos altos da barreira um exemplo típico de valouse, *denotando uma direção oposta de um pequeno vale do igarapé.*

O igarapé foi fundamental para a ocupação indígena da Amazônia, sendo a invenção da canoa o grande salto cultural que possibilitou a organização da maioria dos grupos indígenas no mundo amazônico. Assim, os pequenos riachos que seccionam vertentes e cruzam várzeas florestadas em seu baixo curso tornaram-se os "caminhos de canoa". A *igara* é uma embarcação elementar, escavada no tronco de uma só árvore; *apé* ou *pé* é o designativo para caminho. Daí, com grande razão, os riachos da floresta amazônica terem sido reconhecidos pela sua função de estrada líquida para circulação de curta distância. Uma circulação que facilitava o contato entre homens e aldeias, no transporte de alimentos extraídos das águas e das florestas. O certo é que, através da mansidão das águas dos igarapés, subiam e desciam canoas transportando coisas essenciais à sobrevivência do pequeno estoque de humanidade vivente nas beiras e primeiras encostas de terra firme. É difícil imaginar, entretanto, quais as estratégias utilizadas para o deslocamento dos guerreiros, por ocasião das guerras intertribais, para a ampliação de espaços de sobrevivência. É de supor que em certos momentos críticos tenha ocorrido a canoagem de guerreiros.

Em termos exclusivos de rede hidrográfica, os igarapés são cursos d'água amazônicos de primeira ou segunda ordem, componentes primários de tributação de rios pequenos, médios e grandes. A boca dos igarapés funciona como portal de acesso ao domínio das matas. É através dela que se pode avançar mais facilmente no coração das selvas, ainda que os setores médio e superior do seu curso sejam intransponíveis, tanto pela estreiteza quanto pelo excessivo atravancamento de troncos e galhos de árvores tombados. Indígenas e, mais tarde, caboclos amazônicos não se atreviam demais na penetração e utilização das altas encostas florestadas e interflúvios de onde nasciam as águas dos igarapés. As porções de terra firme, que serviam de cabeceira para sub-bacias opósitas de igarapés, eram consideradas como espaços desconhecidos e temerários. Eram tidas como pouco ou nada favoráveis à vida e ao cotidiano ecológico das tradicionais populações da Amazônia. Na linguagem posteriormente introduzida pelos caboclos, esses espaços representavam o "centro", numa acepção de sertão florestado, distante e de difícil apropriação.

Um igarapé típico é aquele que corre mansamente por um túnel quase fechado de vegetação florestal. Aléias de palmáceas alinham-se na beira dos igarapés apertados entre pequenos barrancos e a grande floresta. Na qualidade de cursos d'água autóctones – porque nascem e correm dentro de um espaço homogeneamente florestado – a maioria dos igarapés tem águas escuras, transporta poucos sedimentos clásticos e inclui materiais orgânicos em suspensão. Sua piscosidade varia com sutis diferenças de sazonalidade: maior nos períodos de estiagem do que na época das cheias. Existem igarapés que entram em rios ou riozinhos com boca estreita; outros que, saindo de altas vertentes, possuem embocadura quase sempre afogada, devido ao trabalho ampliado de grandes rios dotados de forte oscilação de águas. Este é o caso dos igarapés de boca larga, localizados na margem esquerda do Rio Negro, onde se desenvolveu a cidade de Manaus.

Nas vastas hinterlândias da Amazônia, durante o ciclo da borracha, a boca dos igarapés eram sítios estratégicos para instalação de barracões de seringais. Funcionava também como retiros para a vigilância, quando da entrada de forasteiros nos domínios dessas "fazendas das selvas"; e, ainda, se comportava como miniportos de beira-rio, frequentados por regatões – os mascates fluviais do mundo amazônico.

A diferença básica entre um igarapé típico e um pequeno, médio ou grande rio não reside exclusivamente na largura de cada curso d'água. Entre os rios, os fatores relacionados com a composição hidrobioquímica são essenciais para a compreensão da piscosidade, da maior ou menor amplitude de aluviação e da consequente formação de várzeas e lagos de barragem fluvial, entre outras feições hidrogeomorfológicas. Mas o grande fator de diferenciação entre um igarapé e um rio é a taxa de luminosidade que incide sobre as águas.

A grande maioria dos igarapés que cortam as florestas, por sua relativa estreiteza, está sufocada pelo dossel entrecruzado das matas que os ladeiam. Enquanto os rios têm suas águas correntes expostas à luminosidade do dia, o igarapé se estende pelo território das sombras. A linha de açaís que o marginam depende do trânsito dos coquinhos por ocasião das cheias e de algumas réstias de luminosidade que perpassam esse dossel das matas que o enclausura.

Os homens que vivem ao longo dos igarapés foram fadados a conviver com as sombras e a solidão. Trabalharam ou trabalham para alguém que mal conhecem. Na qualidade de seres gregários, para garantir um tributo básico da condição humana, transformaram os igarapés em caminhos vicinais. O "caminho da canoa" do índio tornou-se a via vicinal dos amazônides, oriundos de muitas procedências étnicas e subculturas em contato. Ninguém melhor do que Euclides da Cunha conseguiu fixar o drama dos habitantes da beira dos igarapés, tal como está gravado em seus escritos, como o Judas Asverus, de *À Margem da História*.

Para compensar o isolamento, existem as oferendas da natureza para os homens que aí vivem: o peixe dos pequeninos rios, as palmáceas dotadas de frutos comestíveis, a caça nas florestas, o material construtivo das matas circunvizinhas. Casas palafíticas em minúsculas clareiras rodeadas por açaizeiros. Mais ao longe, uma pequena roça de mandioca. Algumas poucas fruteiras tropicais, mantidas na parte "brocada" da mata. Tudo aproveitado com comedimento.

O igarapé é o lugar de onde se retira o peixe, a água de beber, a água para cozinhar. Rio abaixo e rio acima guardam os lugares para o banho dos adultos, homens e mulheres separadamente. Crianças aprendem a pescar ouvindo histórias, protegidas pelas mães que retardam sua iniciação no domínio da floresta, reservando o gênero de vida seringueiro para os adultos e mais experientes. Velhos e mulheres dedicam-se aos afazeres domésticos. Meninos mal alimentados vivem a paradisíaca aventura da inocência, aprendendo com os mais velhos as estratégias para resistir ao abandono e à marginalização. Aprendeu-se tudo do índio e incorporaram-se alguns instrumentos arcaicos da civilização. Sujeito às penalidades mais escravizadoras – pela menor das infrações cometidas em relação à lei dos seringais imposta pelos seringalistas – agora o seringueiro tornou-se um peão das selvas.

As imagens de satélite disponíveis para o conjunto da Amazônia Brasileira permitiram uma visualização mais completa e integrada do caótico quadro de produção de espaços antrópicos sobre as heranças da natureza na região. Mais do que isso, possibilitaram um monitoramento dos processos em atuação dinâmica, devido às sucessivas passagens do satélite no curto tempo de dezesseis em dezesseis dias. Pela análise desses documentos e através de estudos de campo ficou mais fácil compreender os caminhos entrecruzados da devastação, ou seja, a interconexão dos processos das faixas predatórios em algumas áreas mais críticas da Amazônia oriental.

Na realidade, em uma larga faixa de terras florestadas da periferia ao sul da Amazônia vem se sucedendo um pérfido e irrefreável sistema interconectado de devastação e uso indevido do solo. Inicialmente, autoridades governamentais tentaram justificar esse fato como o estabelecimento de uma nova fronteira agrícola no Grande Norte brasileiro. Na verdade, porém, trata-se de uma vasta área de produção de espaços fundiários, sujeita provisoriamente a uma selvagem exploração de madeira. Provisória, ou seja, até que tudo se acabe. Trata-se, ainda, de uma segunda fase na herança da implantação de rodovias, construídas sem qualquer preocupação quanto aos impactos ecológicos e sociais. Estradas abertas no coração das leivas, a partir de interflúvios que interferem brutalmente nas cabeceiras dos igarapés. Importa conhecer os diferentes processos de predação interconectados a fim de evitar a multiplicação do caos em áreas com menor interferência ainda hoje existentes em diversos setores da Amazônia.

No contexto geográfico de uma única área ao sul do Pará, entre a rodovia PA-150 e as cabeceiras do Rio Braço Grande e no alto Guamá, foram detectados os seguintes caminhos de devastação:

– de 1 a 5 km nas duas margens da rodovia, ao longo de toda a estrada;
– cruzamento da Reserva Indígena de Mãe Maria por uma estrada de rodagem leste-oeste, interligando a PA-150 à rodovia Belém-Brasília e envolvendo pressão devastadora nos bordos de uma área protegida que é, ao mesmo tempo, uma extraordinária reserva de biodiversidade e indígena;
– um segundo cruzamento da mesma reserva, mais ao sul, por um trecho leste-oeste da Estrada de Ferro de Carajás;
– devastação das faixas laterais da rodovia de interligação e da ferrovia;

- ao longo de até centenas de quilômetros, em áreas que precedem ou sucedem a Reserva de Mãe Maria, com desmates que variam entre 5 e 15 km;
- múltiplos caminhos vicinais, vinculados à PA-150, para a implantação estratégica e descontrolada de colonizações empíricas, transformadas em áreas de exploração madeireira e desprovidas de qualquer controle governamental;
- estabelecimento de agropecuárias beiradeiras ao longo de todo o Rio Braço Grande, pertencente ao setor sul-norte do alto Guamá;
- penetração de pequenas e médias propriedades nas margens dos igarapés, afluentes do Braço Grande, numa selvagem repetição do desmatamento que se estendeu pelas bordas do rio principal;
- presença de clareiras geométricas, ilhadas no coração das selvas, transformadas em grandes pastagens e interligadas a estradas ou caminhos vicinais através do sistema de "linhões".

No seu conjunto, esses processos funcionam como um tipo inusitado de metástase de sistemas predatórios, com eixos lineares, tendentes à expansão lateral, além da visível e irrefreável coalescência da devastação.

Fracassada a implantação da agricultura – preconizada pela tecnoburocracia de uma determinada época – o espaço total da região retratada na imagem de satélite tornou-se o cenário caótico de predação da biodiversidade vegetal e animal, onde existem apenas pastos pobres e exploração madeireira. Mais de 50% do espaço regional – considerando a imagem de satélite de 34 040 km^2 – já sofre interferência, com perda máxima de biodiversidade animal devido à interconexão da predação florestal. A esses processos identificados acrescentam-se amplos devastamentos a partir da faixa de contato cerrado/matas; ou tendo como ponto de apoio garantido as numerosas clareiras naturais, de formações abertas, representadas por campinas e campinaranas, além de eventuais ilhas de campestres e cerrados (Roraima, Amapá).

Apesar da falta de previsão, que presidiu à liberação de áreas para agropecuária e exploração madeireira em alguns setores do sul do Pará e de Rondônia, por exemplo, nada se compara aos efeitos nocivos e irreversíveis provocados pela expansão e multiplicação de garimpos em diferentes áreas da periferia amazônica (Roraima, Tapajós, Serra Pelada, Amapá, entre outras).

As rodovias levaram a uma estrutura caótica de ocupação de áreas agropecuárias em todas as partes; loteamentos de espaços silvestres, sob o título de projetos de colonização, na forma de "espinhela de peixe";

ausência de extensão administrativa; empirismo e desajuste no manejo dos espaços conquistados por derrubadas e queimadas; total desconhecimento da consequência ecológica dos solos e atividades agrárias; eventuais desperenizações da drenagem das cabeceiras de igarapés, nas margens de estradas localizadas em interflúvios ou "trechos secos"; invasões de reservas indígenas; conflitos entre os recém-chegados pelos "centros" (interflúvios) e pelos grupos humanos tradicionais, habitantes da beira de igarapés (seringueiros, castanheiros, beiradeiros); mandonismo dos proprietários absenteístas, socialmente insensíveis e politicamente poderosos; multiplicação de madeireiras em busca de essências nobres, violentando as florestas a partir das bordas de matas voltadas para as rodovias; ramais, sub-ramais e trilhas do tipo espinhela de peixe; conflitos entre posseiros e índios, entre fazendeiros e posseiros; desrespeito aos direitos históricos dos seringueiros colados em sítios da beira de igarapés e riozinhos, na forma de ilhotas de humanidade.

Na tentativa de redirecionar esse processo, sugerimos, entre tantas outras precauções, uma simples medida: não aprovar a abertura de estradas e caminhos em interflúvios florestados, a fim de evitar desperenização das cabeceiras de igarapés. Não abrir estradas em áreas que ainda possuam extensas parcelas de território intocadas, ao mesmo tempo em que se realize um esforço concentrado para o encontro de alternativas econômicas na exploração seletiva da madeira. E, sobretudo, utilizar os exemplos de economia ecologicamente autossustentados (Projeto Reca).

É possível detectar algumas fases bem definidas na história da ocupação humana na Amazônia Brasileira. Após um longo período pré-histórico, que se desenvolveu por alguns milênios – envolvendo grupos étnicos e linguísticos vindos por rotas complexas – sucederam-se quatro modelos históricos de apropriação e utilização dos espaços regionais.

Houve um primeiro ciclo, de estilo marcadamente pontual e estratégico, através do qual se esboçou o enquadramento territorial da Amazônia para a dominação portuguesa (séculos XVII e XVIII). Seguiu-se, a partir de meados do século passado, um tipo de ocupação linear, beiradeiro e extrativista, propiciado indiretamente pelas descobertas das propriedades da borracha para o industrialismo inglês.

Aconteceu, assim, a diáspora dos seringais e dos seringueiros por todas as beiras de rios, pequenos rios e baixos vales de igarapés. Eles realizaram a façanha de preencher vazios entre fortes, missões e longos itinerários fluviais no interior do mundo amazônico, onde fossem constatados agrupamentos de seringueiras.

Entretanto, no decorrer do próprio ciclo da exploração da borracha no Grande Norte brasileiro houve uma fase ascendente e progressiva, de inegável sucesso, para a criação do primeiro polo de crescimento urbano-comercial da Amazônia (Belém, no Pará). Devido à concorrência avassaladora dos seringais plantados na Malásia, sobreveio um refluxo de economicidade para a produção de borracha brasileira.

O ciclo de sucesso relativo, mas de extraordinária importância para a interiorização do povoamento beiradeiro, durou aproximadamente sessenta anos (1860-1920). Já o subciclo de decadência projetou-se por quase meio século (1920-1960), independente do episódio do "batalha da borracha", deslanchado caoticamente durante a Segunda Grande Guerra (1939-1945).

Mais recentemente, após o grande período da borracha – com seus sucessos e fracassos – aconteceu uma ocupação desordenada nas bordas da Amazônia oriental e meridional, atingindo o sul do Pará, o norte de Mato Grosso, Rondônia e o Acre sul-oriental. Ao estilo de ocupação e usos do passado, pontuais ou lineares, sucedeu-se um modelo areolar e metastático de supressão de florestas de terra firme interfluvial para a instalação de monótonas e pouco produtivas agropecuárias. Um ciclo de pastagens degradáveis, no coração das selvas, a partir de cabeceiras de igarapés e pequenos rios, interferindo na vicinalidade e cultura das comunidades de pequenos cursos d'água regionais.

Poucos países no mundo têm tanta responsabilidade com a preservação da biodiversidade regional quanto o Brasil. Isso se deve ao fato de ter herdado grandes espaços físicos e ecológicos, de máxima riqueza em termos de diversidade biológica, acentuado pela condição de se terem mantido, até a década de 1960, praticamente intactas nossas grandes florestas úmidas do Norte do país. Na Amazônia, em menos de vinte anos, eliminaram-se de 10 a 12% da antiga cobertura vegetal, o que somado às devastações anteriores totaliza 400 mil quilômetros quadrados de supressão de florestas (até o ano 2000).

Ao que tudo indica, o crescimento da grande floresta processou-se por múltiplas expansões laterais após o advento e a generalização dos climas tropicais úmidos e a partir de diversas áreas de redutos-refúgio – teoria que enfatiza a multiplicação, extinção e migração de espécies animais em resposta às mudanças climático-vegetacionais da Terra.

Na bela conceituação recolhida pelo estudioso alemão Jürgen Haffer, os ciclos do tempo são fundamentais para a compreensão da história biológica da Amazônia.

A natureza da história tem sido encarada, tradicionalmente, como um composto de dois pontos de vista contrários, mas complementares. Em primeiro lugar, "a história refere-se a sequências direcionais de eventos lineares não repetíveis, como, por exemplo, a formação de uma cadeia de montanhas ou a amplitude da vida de uma pessoa, do nascimento à morte – contingências complexas de séries de eventos ligados através do tempo. Em segundo lugar, as leis da natureza imanentes e eternas permitem uma compreensão daqueles aspectos da história que são produtos de ciclos continuamente repetidos. Mares estão em incessante vaivém, florestas se expandem e retraem, médias de temperatura e de umidade aumentam e diminuem. O tempo não tem direção. Muitos estudiosos têm empregado as metáforas 'indicadores de tempos' e 'ciclos de tempo' a esses aspectos complementares, ambos necessários a uma compreensão abrangente de nossa própria história, da história da Terra e de seus animais e vegetais".

Existem argumentos para afiançar que entre 23 000 e 12 700 anos (A.P.), por ocasião da última glaciação (Würm IV – Wisconsin Superior), o nível do mar recuou para menos de 100 m em face da situação atual. Nesse instante, as bocas do Amazonas e do Tocantins teriam se estendido por dezenas de quilômetros na plataforma continental, inclusive talhando *canyons*, hoje identificados na rampa basal da plataforma. Mais tarde, entre 12 700 e 6 000 anos, iniciou-se uma ascensão das águas marinhas – que atingiram até 3,5 m – criando-se estuários e um largo canal entre Marajó e a retroterra que servia de separação entre o baixo Amazonas e o baixo Tocantins. O raso dédalo fluvial da área do estreito de Breves originou-se pelo reduzido descenso das águas para o nível atual do mar, sob a forma de um delta interno (há muito identificado popularmente na expressão "Baía das Bocas").

Teria ocorrido nos dez últimos milênios uma espécie de adensamento generalizado, por sobre espaços anteriormente ocupados por cerrados, cerradões e eventuais caatingas. A mudança climática, na direção de climas mais úmidos e menos sanzonais, tornou possível a geração de novas condições de solos, em interação direta com a dinâmica de reexpansão das florestas. Ocorreu um processo de expansionismo florestal, apartir de um esquema similar ao de numerosas "manchas de óleo" que se interconectam e entram em coalescência generalizada. É fácil saber que as mais recentes faixas de florestas estabelecidas foram as matas beiradeiras das planícies de inundação regionais, as matas das "ilhas" do golfão Marajoara e as interfaces de florestas de várzea, capazes de conviver com duradouras lâminas d'água sem apodrecimento de suas raízes: as matas de igapós.

É importante salientar o fato de que, através desses processos de expansão e generalização de florestas pelo espaço total da Amazônia brasileira, 94% das terras firmes regionais (tabuleiros, baixos platôs, baixos chapadões e eventuais serrinhas) foram totalmente revestidos por grandes matas, que comportam sutis diferenças de padrão e composição e pouca diferenciação de funcionalidade. Por oposição a esses ecossistemas florestais de terra firme, nos terrenos aluviais de formação mais recente (cinco mil e seis mil anos atrás) existem florestas mais diferenciadas e especializadas, aptas a conviver com terrenos aluviais, inundações anuais ou periódicas, ou bolsões d'água de maior duração sobre o terreno, perfazendo um somatório de 2 a 3% do espaço amazônico. O percentual restante envolve a soma das águas: rios, igarapés, lagos de várzea, lagos de terra firme, estuários e baías; e, *pro parte*, o total dos campos submersíveis (Marajó, Baixada Maranhense, Delta do Araguari), campos de várzea e diferentes tipos de campinas, estas últimas ilhadas em manchas de areias brancas na imensidão das terras firmes. E, por fim, os pequenos ou médios enclaves de cerrados.

Um esforço para realizar um zoneamento dito ecológico e econômico de um espaço geográfico da ordem e grandeza de um grande domínio morfoclimático e fitogeográfico é tarefa que implica muitos pressupostos: demanda de uma reflexão orientada para o entendimento integrado do complexo natural da região, incluindo o conhecimento da origem de seus contrastes internos.

Não há como aceitar a ideia simplista de que a determinados espaços ecológicos devam corresponder espaços econômicos, numa sobreposição plena e totalmente ajustável. É utópico supor que o potencial dos recursos naturais de uma área possa ser avaliado em termos de uma sociedade homogênea na sua estrutura de classes e de padrões de consumo. Somente as comunidades indígenas têm a possibilidade de utilização direta dos recursos oferecidos por um espaço geoecológico determinado.

A verificação da posição das áreas de alta densidade de fatores econômicos em relação às grandes regiões naturais do Brasil – na escala de domínios morfoclimáticos e fitogeográficos – guarda alguns ensinamentos úteis. Ao longo das terras tropicais atlânticas do país predominam núcleos excêntricos de industrialização, amarrados a sítios portuários e áreas do tipo *cabeças de ponte* do povoamento histórico. Para o interior, alguns raros compartimentos de planalto ou depressões intermontanas, urbanizados e industrializados, em conexão direta com sítios portuários mais ou menos tradicionais.

Na metade norte do Brasil, Belém do Pará por muito tempo controlou as portas da Amazônia, no grande período extrativista que presidiu a vida econômica e social da região. A cidade comportava-se como o terminal de um corredor exportador eminentemente fluvial, enquanto Manaus funcionava como grande centro *relais*, em posição marcadamente central, no fecho de um grande leque de longos roteiros fluviais dos rios da Amazônia ocidental.

Hoje, Manaus tem importância econômica própria, comportando-se como segunda grande metrópole da Amazônia, com muitas funções inteiramente diversas daquelas que dão suporte às atividades econômicas de Belém. A aquisição de funções próprias esteve ligada intimamente ao polo de desenvolvimento incentivado que ali se criou: a Zona Franca, os fluxos de turismo interno, o Distrito Industrial – modificações em processo no panorama da cultura e mudanças sutis na estrutura da sociedade urbana.

O conceito de zoneamento ecológico e econômico demanda uma série de entendimentos prévios. Sua aplicação ou utilização em referência a um determinado espaço geográfico exige método, reflexão e estratégias próprias. Antes mesmo de elaborar um projeto mais detalhado de zoneamento ecológico e econômico da Amazônia Brasileira, pode-se adiantar uma classificação das células espaciais, dotadas de certa originalidade geoecológica no conjunto das terras amazônicas. Trata-se de uma primeira subdivisão do grande conjunto de terras baixas regionais – ponto de partida para se chegar a células espaciais de segunda ordem, numa tentativa de aproximação progressiva a nível das regiões habitadas, transitadas e, de certa forma, utilizadas pelos grupos humanos residentes.

A recomendação de fazer um pré-diagnóstico da realidade regional – em todos os níveis e em curto espaço de tempo – está relacionada com a velocidade das mudanças e com a existência de numerosas situações de conflito no interior das terras amazônicas. Inquéritos demorados tornam-se obsoletos, incapazes de fornecer parâmetros para a elaboração de uma verdadeira política integrada, dinâmica e socialmente justa. Há que se trabalhar por um sistema que respeite a dignidade e os valores culturais dos homens da Amazônia. Qualquer ação isolada ou iniciativa pontual que deixe de atender à diversidade das culturas e subculturas do "universo" humano da Amazônia está destinada ao fracasso, redundando em lamentáveis cadeias de conflitos. A velocidade dos procedimentos predatórios, das constantes e repetidas agressões ao homem (índios e posseiros) e das interferências no meio ambiente exigem um completo domínio do conhecimento das realidades regionais amazônicas. Para atingir esses objetivos, dividimos o espaço total da Amazônia brasileira em cerca de 25 áreas de segunda ordem de grandeza espacial, distribuídas em quatro agrupamentos regionais mais amplos:

– um conjunto de oito a dez células regionais, identificadas ao norte da calha do Amazonas, composto de espaços predominantemente florestados – mas não totalmente – e distribuídos por uma faixa diferenciada de terrenos e bacias hidrográficas, que se estende desde o Uaupés ao Amapá, alto Rio Negro, Roraima (três subáreas), Uatumã, Trombetas, Paru-Jari e Amapá (duas subáreas);

- um corredor setorizado, ao longo do eixo W-L da planície amazônica, envolvendo os baixos platôs (tabuleiros) que a enquadram, desde o Solimões até o denominado golfão Marajoara (Solimões fronteiriço: Solimões do baixo Juruá ao paraná do Careiro e Encontro das Águas; Amazonas, do Encontro das Águas ao baixo Xingu; e baixo Amazonas/golfão Marajoara);
- um terceiro agrupamento de subáreas, correspondente aos longos estirões de terras originalmente florestadas, que se estendem ao sul da grande calha aluvial do Rio Amazonas (margem direita), desde o Acre até o nordeste do Pará (Acre ocidental, Acre oriental, Juruá, Purus, Madeira, Tapajós, Xingu/ Iriri, Tocantins, região de Belém/ Bragantina/Alto Capim), sendo que pelo menos os espaços do Madeira e do Xingu/ Iriri podem ser subdivididos em duas subáreas cada um. Nessa margem sul da Amazônia, em que se destacam grandes contínuos de terras firmes florestadas, predominam terrenos sedimentares a oeste do Rio Madeira e solos cristalinos decompostos a leste desse grande afluente sul-amazônico;
- o quarto e último agrupamento de células espaciais, reconhecido como áreas críticas de posse fundiária e predação de recursos naturais, corresponde aos setores sul, sudeste e leste do corpo territorial da Amazônia Brasileira. Ou seja, os complexos setores de ocupação caótica e conflitiva que se estendem desde Roraima ao médio Araguaia e médio Tocantins (Guaporé/ Rondônia, norte de Mato Grosso, sul do Pará, extremo norte do Bico do Papagaio e oeste maranhense).

Por dezenas de anos, a partir da década de 1960, a Amazônia foi apresentada ao mundo ocidental como uma região uniforme e monótona, pouco compartimentada e desprovida de diversidade fisiográfica e ecológica. Enfim, um espaço sem gente e sem história, passível de qualquer manipulação por meio de planejamentos realizados à distância ou sujeitos a propostas de obras faraônicas, vinculadas a um falso conceito de desenvolvimento.

Após trinta anos de interferências complexas, o novo cenário das relações entre os homens na Amazônia exige uma nova atmosfera de convivência e entendimento. Convém não esquecermos que vivem atualmente na Amazônia um quarto de milhão de índios – diferenciados por fatores linguísticos e por diversos níveis de contato e aculturação; quatro milhões de seringueiros, beiradeiros e castanheiros; 350 mil garimpeiros; cinco milhões de trabalhadores braçais, funcionários e peões seminômades; além de alguns milhões de habitantes urbanos, de diferentes níveis sociais e culturais. Enfim, um espaço com gente e história.

6
CAATINGAS:
O DOMÍNIO DOS SERTÕES SECOS*

O domínio das caatingas brasileiras é um dos três espaços semiáridos da América do Sul. Fato que o caracteriza como um dos domínios de natureza de excepcionalidade marcante no contexto climático e hidrológico de um continente dotado de grandes e contínuas extensões de terras úmidas. Vale lembrar que o bloco meridional do Novo Mundo foi chamado, por muito tempo, por cientistas e naturalistas europeus, "América Tropical". Na realidade, a maior parte do continente sul-americano é amplamente dominada por climas quentes, subquentes e temperados, bastante chuvosos e ricos em recursos hídricos. As exceções ficam ao norte da Venezuela e da Colômbia (área *guajira*) e na diagonal seca do Cone Sul, que se estende desde a Patagônia até o piemonte dos Andes, atingindo depois os desertos do norte do Chile e toda a região costeira ocidental do continente, desde o Chile até o Equador e parte do Peru. Por fim, temos a grande região seca – a mais homogênea do ponto de vista fisiográfico, ecológico e social dentre todas elas – constituída pelos sertões do Nordeste brasileiro.

O contraste é sobretudo mais expressivo quando se sabe que nosso país apresenta 92% do seu espaço total dominado por climas úmidos e

---

* Publicado originalmente com o título "No Domínio das Caatingas" em Leonel Katz e Salvador Mendonça (orgs.), *Caatingas, Sertões e Sertanejos*, Rio de Janeiro, Alumbramento, 1994-1995.

subúmidos intertropicais e subtropicais, da Amazônia ao Rio Grande do Sul. As razões da existência de um grande espaço semiárido, insulado num quadrante de um continente predominantemente úmido, são relativamente complexas. Decerto, há uma certa importância no fato de a massa de ar EC (equatorial continental) regar as depressões interplanálticas nordestinas. Por outro lado, células de alta pressão atmosférica penetram fundo no espaço dos sertões durante o inverno austral, a partir das condições meteorológicas do Atlântico centro-ocidental. No momento em que a massa de ar tropical atlântica (incluindo a atuação dos ventos alísios) tem baixa condição de penetrar de leste para oeste, beneficia apenas a Zona da Mata, durante o inverno.

Cenário de uma caatinga espinhenta em um pequeno espaço sub-rochoso, por entre colinas revestidas vegetação sertaneja arbustiva. Predomínio de xiquexique.

Esses fatores contribuem para um vazio de precipitações, que dura de seis a sete meses no domínio geral dos sertões. O prolongado período seco anual – que corresponde a uma parte do outono, ao inverno inteiro e à primavera em áreas temperadas – acentua o calor das depressões interplanálticas existentes além ou aquém do alinhamento de terras altas da Chapada do Araripe (800 a 1000 m) e do Planalto da Borborema (670 a 1100 m). Assim, do norte do Ceará ao médio vale inferior do São Francisco, do norte do Rio Grande do Norte ao interior de Pernambuco, de Alagoas e de Sergipe, em faixas sublitorâneas da Bahia até o sertão de Milagres, no município de Amargosa, instaura-se o império da aridez sazonal. Paradoxalmente, o prolongado período de secura com forte acentuação de calor corresponde ao inverno meteorológico.

Mas o povo que sente na pele os efeitos diretos desse calor – extensivos à economia regional, pela ausência de perenidade dos rios e de água nos solos – não tem dúvidas em designá-lo simbolicamente por "verão". Em contrapartida, chama o verão chuvoso de "inverno". Tudo porque os conceitos tradicionais para as quatro estações somente são válidos para as regiões que vão dos subtrópicos até a faixa dos climas temperados, tendo validade muito pequena ou quase nenhuma para as regiões equatoriais, subequatoriais e tropicais.

A originalidade dos sertões no Nordeste brasileiro reside num compacto feixe de atributos: climático, hidrológico e ecológico. Fatos que se estendem por um espaço geográfico de 720 mil quilômetros quadrados, onde vivem 23 milhões de brasileiros. Na realidade, os atributos do Nordeste seco estão centrados no tipo de clima semiárido regional, muito quente e sazonalmente seco, que projeta derivadas radicais para o mundo das águas, o mundo orgânico das caatingas e o mundo socioeconômico dos viventes dos sertões.

A temperatura, ao longo de grandes estirões das colinas sertanejas, é quase sempre muito elevada e relativamente constante. Dominam temperaturas médias entre 25 e 29º C. No período seco existem nuvens esparsas, mas não chove. Na longa estiagem os sertões funcionam, muitas vezes, como semidesertos nublados. E, de repente, quando chegam as primeiras chuvas, árvores e arbustos de folhas miúdas e múltiplos espinhos protetores entremeados por cactáceas empoeiradas, tudo reverdece. A existência de água na superfície dos solos, em combinação com a forte luminosidade dos sertões, restaura a funcionalidade da fotossíntese. Há um século, no recesso dos sertões de Canudos, Euclides da Cunha anotou dois termos utilizados pelos "matutos" para denominar "as quadras chuvosas e as secas": o *verde* e o *magrém*. Provavelmente, não existe termo mais significativo do que *magrém* para a longa estação seca, quando as árvores perdem suas folhas, os solos se ressecam e os rios perdem correnteza, enquanto o vento seco vem entranhado de bafos de quentura. O *verde* designa, com clareza, o rebrotar do mundo orgânico por meio da chegada das águas que reativam a participação da luminosidade e da energia solar no domínio dos sertões. Infelizmente a expressão *magrém* caiu em desuso.

Não existe melhor termômetro para delimitar o Nordeste seco do que os extremos da própria vegetação da caatinga. Até onde vão os diferentes fácies de caatingas de modo relativamente contínuo, estaremos na presença de ambientes semiáridos. O mapa da vegetação é mais útil para definir os confins do domínio climático regional do que qualquer outro tipo de abordagem, por mais racional que pareça. Mesmo assim, tudo indica que as *isoietas* (linhas de igual volume de precipitações médias anuais) de 750 a 800 mm, que sob a forma de grande bolsão envolvem os sertões – desde o nordeste de Minas Gerais e o vale médio inferior do São Francisco até o Ceará e o Rio Grande do Norte – sejam os limites aproximados, em mapa, dos espaços dominados pela semiaridez. Identicamente, os mapas que demarcam as áreas de dragagens intermitentes e periódicas do Nordeste, através de linhas tracejadas, oferecem um quadro perfeito da extensão do Nordeste seco.

Caatinga arbustivo-arbórea com cactáceas em espaços ressequidos: região de Soledade, no Planalto da Borborema e a oeste de Campina Grande (Paraíba). Entre aroeiras e pereiras – em chão sub-rochoso – catingueira, macambira, cacheiros, xiquexique e palmatória de espinhos.

Enquanto no domínio dos cerrados a média anual de precipitações varia entre 1500 e 1800 mm, essa medida no Nordeste seco está entre 268 e 800 mm. No entanto, o ritmo sazonal é muito similar, comportando chuvas de verão e estiagem prolongada de inverno em ambos os domínios de natureza. Disso resulta que as áreas mais chuvosas dos sertões secos não atingem a metade do *quantum* de precipitação média dos chapadões centrais, dotados de cerrados e cerradões. A soma das precipitações nas regiões mais rústicas dos sertões nordestinos equivale a apenas um quinto das médias registradas no domínio dos cerrados. A própria Zona da Mata nordestina tem um volume de chuvas 2,5 vezes maior do que outras regiões mais bem regadas dos sertões interiores do Nordeste, apresentando ainda de seis a nove vezes mais chuvas do que os sertões mais rústicos. Já em relação à Amazônia, é quase covardia traçar comparações, sabendo-se que lá o período de estiagem é muito curto, o teor de umidade do ar é elevado e o total de precipitações anuais atinge de 8,5 a 14 vezes acima do total de chuvas dos sertões menos chuvosos e de quatro a cinco vezes mais do que o somatório das precipitações das áreas sertanejas mais chuvosas.

Todos os rios do Nordeste, em algum tempo do ano, chegam ao mar. Essa é uma das maiores originalidades dos sistemas hidrográfico e hidrológico regionais. Ao contrário de outras regiões semiáridas do mundo, em que rios e bacias hidrográficas convergem para depressões fechadas, os cursos d'água nordestinos, apesar de serem intermitentes periódicos, chegam ao Atlântico pelas mais diversas trajetórias. Daí resulta a inexistência de salinização excessiva ou prejudicial no domínio dos sertões. Encontram-se, aqui e ali, manchas de solos ligeiramente salinizados, riachos curtos designados "salgados", porém o conjunto de tais áreas é extremamente pequeno. Apenas nos baixos rios do Rio Grande do Norte ocorrem planícies de nível de base, com salinização mais forte, em uma área bastante quente e de luminosidade ampla, que corresponde a velhos estuários assoreados. De forma inteligente, ali foram estabelecidas as maiores salinas brasileiras, das quais provêm a maior parte da produção de sal do país.

A hidrologia regional do Nordeste seco é íntima e totalmente dependente do ritmo climático sazonal, dominante no espaço fisiográfico dos sertões. Ao contrário do que acontece em todas as áreas úmidas do Brasil – onde os rios sobrevivem aos períodos de estiagem, devido à grande carga de água economizada nos lençóis subsuperficiais – no Nordeste seco o lençol se afunda e se resseca e os rios passam a alimentar o lençol. Todos eles secam desde suas cabeceiras até perto da costa. Os rios extravasaram, os rios desapareceram, a drenagem "cortou". Nessas circunstâncias, o povo descobriu um modo de utilizar o leito arenoso, que possui água por baixo das areias de seu leito seco, capaz de fornecer água para fins domésticos e dar suporte para culturas de vazantes. A cena de garotos tangendo jegues carregados de pipotes d'água retirada de poços

O Rio Pajeú, em seu médio vale, próximo à cidade de Flores, no sertão de Pernambuco. Padrão de rio sertanejo – intermitente, sasonário – que corre por cinco a seis meses e "corta" por seis a sete meses. A montante de soleira rochosa existe bloqueio das águas brasais de leito arenoso do rio: fato que é muito bem aproveitado pela população ribeirinha para obtenção de água. Foto do autor, junho de 1955.

cavados no leito dos rios tornou-se uma tradição simbólica ao longo das ribeiras secas.

George Hargreaves, em trabalho realizado para a Superintendência de Desenvolvimento do Nordeste (Sudene), no início da década de 1970, baseado em critérios de evapotranspiração e duração dos períodos de deficiência hídrica, estabeleceu e mapeou os diferentes setores ou nuances dos sertões secos. Sua classificação foi dirigida, sobretudo, para o campo das condicionantes agroclimáticas regionais. Para tanto, aplicou sua metodologia aos dados climatológicos de 723 localidades nordestinas dotadas de estações meteorológicas operadas pela própria Sudene e pelo Departamento Nacional de Obras Contra as Secas (Dnocs). Hargreaves identificou quatro faixas ou agrupamentos sub--regionais de climas secos no interior do polígono semiárido e em seu entorno. Utilizando expressões inglesas muito simples, ele referiu-se às áreas *very arid*, *arid*, *semi arid* e *wet dry*. Em função de uma leitura crítica que fizemos de tais termos, propusemos modificação nas expressões originais do seu excelente mapa a fim de evitar confusões com os conceitos vigentes para regiões desérticas propriamente ditas. As faixas tidas como *very arid* foram denominadas semiáridas acentuadas ou subdesérticas. Aquelas consideradas *arid* foram designadas como semiáridas rústicas ou semiáridas típicas, enquanto os setores *semi arid* foram considerados semiáridos moderados. As subáreas ditas *wet dry* correspondem, praticamente, àquelas de transição, ocorrentes a leste e a oeste da área nuclear dos sertões nordestinos. No caso, preferimos chamá-las de faixas subúmidas.

Depressão de Patos (PB) – caatinga.

A terminologia popular, bastante arraigada no interior do Nordeste, abrange aproximadamente toda a tipologia proposta pelos cientistas. Usa-se a expressão "sertão bravo" para designar as áreas mais secas e subdesérticas do interior nordestino. Aplica-se "altos sertões" às faixas semiáridas rústicas e típicas existentes nas depressões colinosas de todos os ambientes sertanejos. Enquanto as áreas semiáridas moderadas, dotadas de melhores condições de solo e maior quantidade de chuvas de verão ("inverno"), recebem expressivos nomes: caatingas agrestadas ou agrestes regionais. As faixas típicas de transição entre os sertões secos e a Zona da Mata nordestina têm o nome genérico de agrestes, passando a matas secas. Existem razões para afirmar que a maior parte dos agrestes foi recoberta por caatinga arbórea, entremeada ou não por matas secas. As matas e matinhas de transição para os agrestes podem ser identificadas por algumas espécies indicadoras, entre as quais se destaca o ipê, com suas folhas douradas amarelas.

Para explicar a rusticidade e o cenário dos trechos dos sertões mais desalentadores, o uso da média das temperaturas não constitui fator decisivo. Dessa forma, Cabaceiras, por exemplo – situada no médio vale do Rio Paraíba do Norte, sertão dos Cariris Velhos, Paraíba – apesar de ser o lugar menos chuvoso de todo o Nordeste semiárido (264 mm por ano), é considerado de clima "bom". Ali, o total médio das chuvas anuais é muito inferior ao de todos os outros sertões. Mas, em compensação, chove o ano inteiro, já que essa pequena área de sertões rebaixados do Planalto da Borborema recebe chuvas vindas de leste no inverno e de oeste-noroeste no verão.

Outro fator responsável pela paisagem quase desértica de alguns trechos dos sertões rústicos é a estrutura geológico-litológica de certas áreas. Em alguns dos chamados "altos pelados", constituídos de colinas desnudas, atapetadas por fragmentos dispersos de quartzo, a presença de uma rocha metamórfica argilosa (filitos) comporta-se como se fosse um chão de tijolos no dorso das ondulações. Nesse caso, não há condições para formar um verdadeiro solo. Na linguagem seca da ciência, os solos dessas áreas seriam considerados solos litólicos. Onde quer que apareçam tais fácies de paisagem no domínio das caatingas, o povo logo os identifica como "altos pelados". Nas descrições de Euclides da Cunha sobre a região de Canudos, tornaram-se famosos os "altos pelados dos Umburanas". Existem outros casos em que rochas com maior grau de metamorfismo e adensamento de fraturas oferecem uma paisagem de escombros na base das vertentes de alguns riachos. E, por fim, em áreas de granitos recortados por diáclases múltiplas criam-se conjuntos locais de "campos de matacões" ou "mares de pedras", sendo que entre os interstícios das grandes pedras redondas instalam-se imponentes e espinhentos facheiros. A maioria dos morrotes do tipo *inselbergs*, que servem de baliza e referência da imensidão das colinas sertanejas, depende quase que exclusivamente do tipo de rochas duras que afloram no local: lentes de quartzito resistentes, massas homogêneas de granitos, apenas espaçadamente fraturados, ou outras exposições rochosas também resistentes.

Todos os morrotes do tipo *inselberg* ou agrupamento deles, como é o caso de Quixadá, foram relevos residuais que resistiram aos velhos processos desnudacionais, responsáveis pelas superfícies aplanadas dos sertões, ao fim do Terciário e início do Quaternário: superfície sertaneja velha e sertaneja moderna (Ab'Sáber). Enquanto no Sudeste do Brasil ocorrem "pães de açúcar" no entremeio dos "mares de morros" florestados ou em maciços costeiros (Serra da Carioca) e setores da Serra do Mar (Pancas), no interior do Nordeste seco acontecem morrotes ilhados no dorso das colinas revestidas por caatingas. Disso decorre a certeza de que muitos "pães de açúcar" já foram *inselbergs* em períodos de clima seco e que *inselbergs* poderiam tornar-se "pães de açúcar" depois de mudanças climáticas radicais na direção de climas tropicais úmidos. Nesse sentido, somente o território brasileiro, por suas dimensões tropicais – desde Roraima e regiões fronteiriças até o Brasil de Sudeste, passando pelos morrotes dos sertões secos e pontões rochosos de Serra Azul (Minas Gerais) – pode apresentar exemplos concretos de tais transfigurações geomorfológicas e fitogeográficas.

Paisagem da região de Santa Luzia do Sabugi no sertão de Patos de Espinhara.

Para o cotidiano do sertanejo e sobrevivência de sua família o fator interferente mais grave reside nas irregularidades climáticas periódicas que assolam o espaço social dos sertões secos. Na verdade, os sertões nordestinos não escapam a um fato peculiar a todas as regiões semiáridas do mundo: a variabilidade climática. Assim, a média das precipitações anuais de uma localidade qualquer serve apenas para normatização e referência, em face de dados climáticos obtidos em muitos anos. O importante a ser destacado é a sequência altamente irregular dos anos de ritmo habitual, entre os quais se intercalam trágicos anos de secas prolongadas; rupturas, que representam dramas inenarráveis para os pequenos sitiantes e camponeses safristas das áreas mais afetadas pela ausência das chuvas habituais de fins e início de ano.

Efetivamente, é muito grande a variabilidade climática no domínio das caatingas. Em alguns anos as chuvas chegam no tempo esperado, totalizando, às vezes, até dois tantos a mais do que a média das precipitações da área considerada. Entretanto, na sequência dos anos, acontecem alguns dentre eles em que as chuvas se atrasam ou mesmo não chegam, criando os mais diferentes tipos de impactos para a economia e as comunidades viventes dos sertões. Nesse sentido, a literatura de ensaios e de ficção – elaborada por alguns dos mais sensíveis intelectuais de nossa terra – vem apresentando aos olhos da nação brasileira o diabólico drama social que impera nos sertões secos do Nordeste brasileiro.

Independentemente de a estação chuvosa comportar somatórias maiores ou menores de precipitações, o longo período seco caracteriza-se por fortíssima evaporação, que responde, imediatamente, por uma desperenização generalizada das drenagens autóctones dos sertões. Entendem-se por autóctones todos os rios, riachos e córregos que nascem e correm no interior do núcleo principal de semiaridez do Nordeste brasileiro, em um espaço hidrológico com centenas de milhares de quilômetros quadrados. Somente os rios que vêm de longe – alimentados por umidade e chuva em suas cabeceiras ou médios vales – mantêm correnteza mesmo durante a longa estação seca dos sertões. Incluem-se, nesse caso, o São Francisco e *pro parte* o Parnaíba, ainda que o mais típico rio alóctone a cruzar sertões rústicos seja o "Velho Chico" – um curso d'água que, de resto, comporta-se como um legítimo "Nilo caboclo".

No vasto território dos sertões secos, onde imperam climas muito quentes, chuvas escassas, periódicas e irregulares, vivem aproximadamente 23 milhões de brasileiros. Trata-se, sem dúvida, da região semiárida mais povoada do mundo. E, talvez, aquela que possui a estrutura agrária mais rígida na face da Terra. Para completar o esquema de seu perfil demográfico, há que sublinhar o fato de se tratar da região de mais alta taxa de fertilidade humana das Américas. Uma região geradora e redistribuidora de homens, em face das pressões das secas prolongadas, da pobreza e da miséria.

Jean Dresch, grande conhecedor do Saara, ponderava aos seus colegas brasileiros, ao ensejo de uma excursão pelos sertões da Paraíba e de Pernambuco, que a existência de gente povoando todos os recantos da nossa região seca era o principal fator de diferenciação do Nordeste interior em relação às demais regiões áridas ou semiáridas do mundo. Lembrava Dresch que, nos verdadeiros desertos, o homem se concentra, sobretudo, nos oásis, sendo obrigado a controlar drasticamente a natalidade devido a uma necessidade vital de sobrevivência das comunidades. Utilizam-se, ali, campos de dunas móveis para o trânsito das caravanas de comércio. Defende-se, palmo a palmo, a periferia dos oásis em face da penetração das areias. Os setores rochosos ou pedregosos do Saara, alternados por extensos campos de dunas, são totalmente não-ecumênicos.

Por oposição a esse quadro limitante de verdadeiras "ilhotas de humanidade", no Nordeste brasileiro, o homem está presente um pouco por toda a parte, convivendo com o ambiente seco e tentando garantir a sobrevivência de famílias numerosas. Existe gente nos retiros das grandes fazendas e latifúndios. Nos agrestes predominam um sem-número de pequenas propriedades e fazendolas. Gente morando e labutando com lavouras anuais e pequenos pastos, por entre cercas e cercados de aveloses. Gente pontilhando os setores das colinas e baixos terraços dos sertões secos. Casinhas de trabalhadores rurais na beira dos córregos que secam. Muita gente nos "altos" das serrinhas úmidas, assim como em todos os tipos de "brejos" ou setores "abrejados" das caatingas.

A tudo isso se acresce a presença de um grande número de pequenas e médias cidades sertanejas, de apoio direto ao mundo rural. Algumas delas, muito pequenas e rústicas. Outras, maiores e em pleno desenvolvimento, pelo crescimento de suas funções sociais, administrativas e religiosas. As feiras e feirinhas desses núcleos urbanos que pontilham os sertões funcionam como um tradicional ponto de "trocas", já que ali tudo se vende e tudo se compra. Com a multiplicação de rodovias, estradas e caminhos municipais, houve a consolidação de uma verdadeira rede urbana no conjunto dos sertões secos, comportando uma hierarquia própria onde existem verdadeiras "capitais regionais". A despeito das limitações em termos de abastecimento de água potável, algumas das cidades nascidas e crescidas em função da força e importância de suas feiras e de seu multivariado comércio têm adquirido uma admirável conjuntura urbana, do tipo ocidentalizante.

Cidades como Campina Grande, Feira de Santana, Mossoró, Caruaru, Crato, Sobral, Garanhuns, entre outras, possuem uma expressão regional consolidada pelo número e pela qualificação de suas funções: no campo do comércio, na movimentação de suas feiras, no ensino superior, na consciência política, na área de lazer e, sobretudo, na manutenção dos valores de uma inigualável cultura popular.

Nesse sentido, é agradável dizer que seria fastidioso e arriscado fazer a lista de todas as cidades dos sertões que vêm desdobrando funções e evoluindo social e culturalmente em níveis acima de todas as expectativas. Ainda que, pela falta de água, existam grandes limitações para o desenvolvimento industrial na grande maioria das "capitais regionais" da rede urbana sertaneja. Certamente, também existem problemas preocupantes: inchação urbana pela fuga dos homens do campo; estabelecimento de favelas e bairros muito carentes; tamponamento de áreas férteis pelo crescimento horizontal de cidades situadas em "brejos" de cimeira; baixo nível de proteção para os "olhos d'água" periurbanos; dificuldades para a ampliação de empregos em consequência da pequenez quantitativa e qualitativa do mercado de trabalho.

A Serra dos "Ferros", entre Juazeirinho e Patos; da Borborema um hog bag *de quartzitos recortados por curtos boqueirões. Foto do autor, janeiro de 1952.*

Os grandes problemas que incidem sobre o mundo rural são produzidos nos alongados estirões de sertões secos. Predominam ali terras de "sequeiro", na ordem de 96 a 97% do espaço total regional. A soma dos espaços de planícies aluviais propriamente ditas é muito pequena. Daí por que, em numerosos locais durante a estiagem, quando os rios secam, o próprio leito dos cursos d'água é parcialmente utilizado para produção agrícola, centrada em produtos alimentares básicos. Nas áreas ditas de "sequeiro", de modo muito descontínuo, plantam-se algodão, palmas forrageiras e roças de mandioca ou milho, cuja produtividade fica na dependência de "bons" períodos chuvosos. Dominam, porém, em todos os espaços colinosos das caatingas, as velhas práticas de pastoreio extensivo, com gado solto por entre arbustos e tratos de capins nativos. A longa falta d'água nos córregos e riachos do domínio das caatingas faz com que o gado tente se abeirar dos "barreiros", onde uma poça do precioso líquido se evapora devagar, deixando uma lâmina escura em seus bordos.

No jogo das migrações internas ocorridas no Brasil, desde meados do século XIX até hoje, o êxodo de nordestinos para as mais diversas regiões do país tem a força de uma diáspora.

A grande região do Nordeste Seco passou a desempenhar o papel histórico e dramático de fornecer mão de obra barata e pouco exigente para um grande número de áreas e polos de trabalho do país. Para os seringais da Amazônia, desde fins do século passado até o início do atual;

para São Paulo, desde a década de 1930, sobretudo depois da Revolução Constitucionalista. Com maior intensidade, depois da construção da rodovia Rio-Bahia. Por cinquenta anos atuou a rota do São Francisco, de Juazeiro da Bahia até Pirapora, prosseguindo pelo uso da ferrovia Central do Brasil, que também trazia gente de outros sertões, na direção de Belo Horizonte, de São Paulo e do norte do Paraná. Dos fins da década de 1950 para todos os anos 1960 surgiu o novo polo de atração, constituído pela construção de Brasília, a recém-criada capital brasileira. Por fim, sem interromper completamente os outros eixos migratórios, um (re)direcionamento para a Amazônia: construção de estradas (Belém-Brasília, Transamazônica), implantação de barragens e usinas hidrelétricas, desmates inconsequentes, corte de madeira e, por último, a inserção na sedução aventuresca e sombria da garimpagem, nas mais diferentes paragens do extremo norte brasileiro.

Os espasmos que interrompem o ritmo habitual do clima semiárido regional constituíram sempre um diabólico fator de interferência no cotidiano dos homens dos sertões. Mesmo perfeitamente adaptados à convivência com a rusticidade permanente do clima, os trabalhadores das caatingas não podem conviver com a miséria, o desemprego aviltante, a ronda da fome e o drama familiar criado pelas secas prolongadas. Nesse sentido, é pura falácia perorar, de longe, que é necessário "ensinar o nordestino a conviver com a seca" (Ab'Sáber, 1985).

Os sertanejos têm pleno conhecimento das potencialidades produtivas de cada espaço ou subespaço dos sertões secos. Vinculado a uma cultura de longa maturação, cada grupo humano do Polígono das Secas tem sua própria especialidade no pedaço em que trabalha. Uns são vaqueiros, dizem-se "catingueiros", homens das caatingas mais rústicas. Outros são agricultores dos "brejos", gente que trabalha nas "ilhas" de umidade que pontilham os sertões secos. Outros são "vazanteiros", termo recente para designar os que vivem em função das culturas de vazantes nos leitos ou margens dos rios. Outros são "lameiristas", aqueles que se especializaram em aproveitar a laminha fina, argilosa e calcária do leito de estiagem, nas margens do único rio perene que cruza os sertões (São Francisco). Muitos outros, ainda, cuidam de numerosas atividades nas "terras de sequeiro", plantando palmas forrageiras, cuidando de caprinos e magotes de gado magro, plantando algodão ou tentando manter roçados de milho, feijão e mandioca. E, acima de tudo, esforçando-se para conservar água para uso doméstico, a fim de aguentar os duros meses de estiagem que estão por chegar.

Na crônica dos sertões relativa aos dois primeiros séculos, existem narrações importantes sobre os impactos do contato entre colonizadores e grupos indígenas habitantes das caatingas. Os tapuios da costa foram enquadrados, por meio de estratégias as mais diversas, pelos senhores das sesmarias, das fazendas e dos engenhos. Em um trabalho aprofundado, a *História das Secas (Séculos XVII e XIX)*, Joaquim Alves registra duas questões básicas sobre esses conflitos. Primeiro,

> [...] as áreas secas do interior do Nordeste, de Pernambuco ao Ceará, constituíam o domínio dos índios até a primeira metade do século XVII; a ocupação dos portugueses foi lenta, seguindo-lhe a implantação e o desenvolvimento da pecuária, única atividade que era possível instalar na região das caatingas.

Segundo,

> [...] o colono português desconhecia as consequências das secas; não penetrava o interior, limitando-se a viagens de visita às suas propriedades nessa primeira metade do século XVIII, razão por que atribuía à miséria – criada pela falta de inverno – a fuga dos escravos índios, que procuravam as Aldeias ou Missões, onde encontravam defesa e eram considerados libertos; os escravos africanos não gozavam das mesmas prerrogativas dos índios, que a lei portuguesa e o direito de asilo da Igreja protegiam.

Por outro lado, os indígenas das regiões interiores resistiram o máximo possível aos invasores de seus espaços ecológicos de sobrevivência física e cultural.

Existem referências sobre uma das grandes secas do século XVI, ocorrida no ano de 1583, em que grupos indígenas da região dos Cariris Velhos, dos agrestes e dos sertões interiores viram-se obrigados a descer para a costa, solicitando socorro aos colonizadores. As secas se repetiram no decorrer do século XVII, nos anos de 1603, 1614, 1645 e 1692. Na medida em que se ampliava e aumentava o povoamento dos sertões, as consequências das secas tornavam-se mais radicais e dramáticas, fossem elas "gerais" ou "parciais". Por secas gerais entendiam-se aquelas que abrangiam o espaço total do domínio semiárido; e parciais eram as que incidiam em determinados setores dos grandes espaços das caatingas, situados mais ao norte, mais ao sul ou com penetrações na direção dos agrestes orientais.

Desde o início da colonização, o sistema de transporte implantado nos sertões do Nordeste pressupôs o uso de montarias. O cavalo facilitava os deslocamentos de pessoas e mercadorias pelo leito seco dos rios, pelas veredas situadas à margem de pequenas e estreitas matas ciliares ou pelos primeiros caminhos rasgados no dorso das colinas sertanejas.

Com o aumento da população e a descoberta da vocação agrária dos "brejos" e "abrejados", os excedentes da produção local passaram a ser transportados por carros de boi, em sofridos deslocamentos, para abastecer feiras e armazéns. Aos poucos, um pouco por toda a parte. O boi entrou nas práticas de animais de serviço. Em muitos sertões, entretanto, mais recentemente, o carro de boi foi trocado pelo uso generalizado dos jegues – um burrico pequenino e resistente, que se adaptou perfeitamente aos mais diversos serviços em todos os sertões secos. Na verdade, o jegue revolucionou e democratizou o sistema de transporte de mercadorias oriundas dos brejos e das roças. Agora, a farinha de mandioca, o algodão e os sacos de feijão, assim como as canastras de rapadura ou os surrões de queijo de coalho, passaram a ser transportados no lombo desses pequenos e ágeis equinos. Por muito tempo, até nossos dias, os jegues vêm dominando os cenários vivos dos sertões secos.

No correr do século XVII houve uma verdadeira guerra pela conquista dos espaços privilegiados das serras úmidas. Anteriormente, eram áreas de refúgios temporários dos indígenas regionais, para sobrevivência durante os períodos de secas mais prolongadas. Mas, logo que os colonizadores descobriram as potencialidades das serras úmidas – posteriormente designadas "brejos" – houve uma rápida investida para a conquista desses pequenos espaços distribuídos pelos imensos sertões. As "ilhas" de umidade aí existentes, com suas manchas de florestas tropicais formando grandes contrastes com as caatingas circundantes, foram interpretadas pelos colonizadores como áreas suscetíveis de receber a principal plantação tropical da época – a cana-de-açúcar – que já fizera a riqueza da Zona da Mata e despertara a cobiça dos holandeses. Foi assim que os pioneiros da colonização branca das caatingas começaram a se apossar das melhores reservas de terras indígenas, constituídas pelos diferentes tipos de brejos. Ribeiras, agrestes e serrinhas úmidas ficaram sob a mira e o assédio dos colonizadores. Os índios das serrinhas florestadas, cientes de que seus espaços de vivência e sobrevivência estavam completamente ameaçados, tentaram um último e desesperado lance de resistência. Fizeram parcerias, tornaram-se confederados e, em 1692, desceram das serras úmidas – principal refúgio nos anos secos – quando "em numerosos grupos caíram sobre as fazendas das ribeiras, devastando tudo" (Irineu Joffily, citado por Alves, 1949).

Nos anos de 1692 e 1693, os colonizadores das ribeiras e pastagens em ampliação foram duramente castigados pelo repiquete das secas e pela revanche dos índios confederados. Terminada a crise climática, houve extensivo retorno às atividades agrárias, acrescidas por novos contingentes de povoadores que acabaram por consolidar a ocupação de grandes extensões dos espaços sertanejos: de Pernambuco ao Ceará, sertões do São Francisco, de Alagoas e Sergipe até a Bahia. Os portugueses, que já haviam expulso os holandeses, agora consolidavam a ocupação dos sertões, enquadrando e incorporando grupos nativos aos seus interesses. Tudo isso acontecia enquanto lá longe se descobria o ouro das Gerais (1695), criando uma nova zona de atração para migrações e relações econômicas complementares. Data dessa época o início da utilização do vale do São Francisco para o comércio do gado de corte do Nordeste Seco para a região das "minas gerais". Ao mesmo tempo em que se descobria um diabólico e execrável potencial de comércio através do "Velho Chico", representado pelo envio de escravos negros e seus descendentes para servir de mão de obra nas duras tarefas da extração de ouro.

Tudo parecia acontecer ao mesmo tempo, ao findar o século XVII e iniciar-se o XVIII: rápido deslanche do ciclo do ouro (1695-1780); apossamento fragmentário, porém generalizado, de todos os sertões; incorporação da mão de obra indígena nas atividades de pastoreio; ampla miscigenação, responsável pela formação da população cabocla; produção de pequenos espaços agrários nos brejos de cimeira; utilização maximizada dos brejos de pé de serra; uso extensivo dos brejos e vazantes dos vales ou ribeiras bem arejadas e mais permanentemente úmidas.

Nota-se que, além de produzir alimentos os mais diversos, os brejos de cimeira dão origem a pequenos engenhos "rapadureiros", de grande interesse para a diversificação da dieta dos homens do sertão. Longe da costa, criam-se celeiros bem distribuídos, que passam a abastecer as primeiras feiras estabelecidas em cidades e cidadezinhas dos sertões. Trata-se de um inusitado ponto de trocas, envolvendo produtos de diferentes espaços do Nordeste Seco: feiras de gado, de um lado; feiras de alimento, acessórios e montaria e artesanatos úteis, de outro. Uma espécie de troca indireta. Vendia-se um pouco de gado. Compravam-se farinha de mandioca, café, legumes, selas, baixeiros, cabrestos, lamparinas, querosene, potes e potões de barro, jacás, cestas e "aliozes". Além de rapaduras, aguardentes, fubás e, eventualmente, pedaços de rústicos queijos do sertão. E logo uma grande variedade de confecções simples, relacionadas com a necessidades de vestuário para mulheres, crianças e homens. Mais recentemente, os indefectíveis objetos de plástico.

Grandes feiras propiciaram o crescimento de algumas das mais importantes capitais regionais do Nordeste Seco: Feira de Santana, Caruaru, Garanhuns, Mossoró, Arcoverde, Xique-xique, Carinhanha, Bom Jesus da Lapa, Crato, Juazeiro do Norte, Sertânia, Patos, Iguatu, Sobral, Picos, Fronteiras, entre outras. Cada qual com localização estratégica e diferenciações funcionais, mas por todo o tempo os brejos fornecendo produtos básicos, vindos de Baturité, Uruburetama, Triunfo, Catira, Crato/ Barbalha e Missão Velha (no sopé da Chapada do Araripe), além de muitas encostas baixas da Serra Grande do Ibiapaba. A invasão recente da bananicultura vem ameaçando o caráter de celeiro de algumas áreas de brejo, como vem acontecendo em Catira e Natuba. Em alguns lugares, as cidades cresceram tanto que acabaram por abranger todo o espaço produtivo agrário original, tal como vem se processando sobretudo em Garanhuns.

Uma revisão, ainda que sintética, sobre as ações governamentais a favor da população e da economia do Nordeste Seco é tarefa indispensável. No passado colonial, tudo girou em torno de iniciativas isoladas. Entretanto, foi apenas no último quartel do século XIX, quase ao fim do Segundo Império, que a inteligência brasileira da época, reunida no Rio de Janeiro, começou a discutir problemas e elaborar propostas para o Nordeste Seco. O Brasil acompanhava, nesse sentido, as preocupações e os programas que os Estados Unidos e a Austrália vinham de constituir para suas respectivas regiões áridas. Entre nós, venceu a ideia principal de construção de reservatórios para reter água em determinados espaços sertanejos. Um programa que, apesar de todas as suas vicissitudes, ainda não se esgotou. Construíram-se açudes próximos de cidades sertanejas para garantir seu abastecimento em águas. Outros foram localizados a montante de várzeas irrigáveis e ainda em boqueirões ou gargantas (*water gap's* dos americanos), onde rios temporários cruzavam cristas resistentes de serras. Logo se percebeu que os grandes açudes tinham algumas falhas de funcionalidade social. Não existindo várzeas irrigáveis, eles eram pouco úteis. Verificou-se, ainda, que mesmo na circunstância de existirem setores irrigáveis – pela distribuição de água por gravidade – a capacidade de atendimento, em termos do número de famílias beneficiadas, era muito limitada.

Importante ação paralela aos esforços da açudagem deu-se através da construção de uma série de ramais ferroviários. Mas a grande revolução originou-se de ações estatais, com a expansão do rodoviarismo. Aos velhos caminhos sertanejos e à trama incompleta das ferrovias acrescentou-se toda uma ampla e diversificada rede de transportes terrestres, que acabou por interligar quase todos os sertões do Nordeste Seco. Estradas e rodoviarismo tinham um certo quê de autoconservação, devido às particularidades dos climas secos regionais.

Uma das consequências salutares de desenvolvimento do rodoviarismo no Nordeste Seco foi a percepção de vincular o processo de construção de estradas à criação de frentes de trabalho como solução emergencial para evitar o desenraizamento de populações e atender às necessidades do povo sertanejo por ocasião das grandes secas. Infelizmente, porém, nesta como em muitas outras medidas estatais, houve a interferência de políticos clientelescos que procuraram cooptar as obras e iniciativas corretas em seu próprio favor.

Iniciativa estatal de importância para a economia e a sociedade nordestina foi a construção de grandes usinas hidrelétricas, utilizando acidentes do perfil do médio vale inferior do Rio São Francisco. Somente este rio – curso d'água perene que cruza os sertões – poderia ser aproveitado para obtenção de um grande volume de energia elétrica. Obras iniciadas na década de 1950 vêm se desenvolvendo até hoje, através de sucessivos aproveitamentos: Paulo Afonso, Sobradinho, Itaparica e a recentemente concluída Xingó.

À custa de incentivos fiscais, através de estudos e projetos da Superintendência do Desenvolvimento do Nordeste (Sudene), foi possível encaminhar recursos para reanimar a industrialização regional e, sobretudo, reciclar as velhas e obsoletas usinas de açúcar e álcool da Zona da Mata. O Departamento Nacional de Obras contra as Secas (Dnocs) vem contando também com a parceria do Banco do Nordeste para seus programas de açudagem, irrigação, perfuração de poços e incentivo a iniciativas produtivas do Nordeste interior. De repente, percebeu-se a premência inadiável de melhor dosar iniciativas de diferentes portes, atendendo, ao mesmo tempo, às necessidades das áreas de "sequeiro" (92% do espaço total regional); reavaliar as potencialidades efetivas das faixas de ribeira (2 a 3% do espaço total); e revisitar as serrinhas úmidas e diferentes tipos de brejos. Entre outras medidas, melhorar a infraestrutura para reter água da estação chuvosa no âmbito das propriedades pequenas e médias, nos moldes propostos no trabalho *Floram – Nordeste Seco* (Aziz Ab'Sáber, Instituto de Estudos Avançados – USP) e nas ideias contidas nos minuciosos estudos de Benedito Vasconcelos Mendes (Esam, RN).

Impõe-se também uma imediata revisão das potencialidades dos lençóis d'água subterrâneos do Nordeste interior – em bacias sedimentares e terrenos cristalinos, do Rio Grande do Norte ao sul do Piauí – considerando, entre outros cuidados, as alternativas para ampliar os benefícios sociais de poços artesianos a serem produzidos.

Enfim, encontrar parceiros humanos e idealistas para defender medidas que estanquem êxodos desnecessários, que dignifiquem a cidadania de homens integrados em uma das mais vigorosas culturas populares conhecidas no mundo.

Um dia, alguns pesquisadores em plena atividade de campo pediram pouso em uma fazendola comunitária, perdida em um remoto sertão do interior baiano. E a resposta veio rápida e sincera, por parte da dona da casa: "Eu vou lhes dar abrigo, porque também tenho filho no mundo".

7
PLANALTOS DE ARAUCÁRIAS E PRADARIAS MISTAS*

RINCÕES E QUERÊNCIAS

Uma rápida e discreta perda da tropicalidade, sobretudo no que diz respeito às temperaturas médias, é a principal característica física do Brasil Meridional. Trata-se de uma condicionante climática que tornou possível a ampla e contínua instalação de um domínio de natureza extratropical, constituído por araucárias emergentes acima do dossel de matinhas subtropicais. O mato é baixo e relativamente descontínuo, com pinhais altos, esguios e imponentes – um tanto exóticos e homogêneos – em face da biodiversidade marcante dos sub-bosques regionais. De vez em quando, de permeio à altamente predada região das araucárias, surgem pequenos mosaicos de campos entremeados por bosquetes de pinhais, que oferecem uma das mais lindas paisagens do território brasileiro. Um cenário de marcante originalidade ecológica, que se distancia igualmente da retorcida e monótona paisagem dos cerrados centrais ou das grandes matas que outrora dominavam as terras do Brasil de Sudeste, estendendo-se por toda a fachada tropical-atlântica do país. Ainda hoje sobrevivem, milagrosamente, alguns prados e bosques de araucárias nos arredores de Curitiba e de Lajes, com interrupções fora dos planaltos meridionais

---

* Publicado originalmente com o título de "Rincões e Querências" em Leonel Katz e Salvador Mendonça (orgs.), *Fronteira. O Brasil Meridional*, Rio de Janeiro, Alumbramento, 1996-1997.

até encraves distantes, como os altos de Campos de Jordão, a região de Monte Verde ou pequenos setores do maciço da Bocaina e do município de Barbacena, em Minas Gerais.

Embora não constitua uma espécie dominante, é, sem dúvida, a Araucaria angustifolia *o elemento que mais se destaca dentro da fitofisionomia do Sul, por sua altura e elegância do porte. Município de Lajes (SC).*

Cumpre assinalar que as araucárias estão vinculadas aos planaltos ondulados da vasta hinterlândia do Paraná, Santa Catarina e Rio Grande do Sul, onde predominam climas temperados úmidos, de altitude. A transição entre o mosaico de matas e cerrados começaria na Depressão Periférica paulista – entre Pirassununga e Sorocaba – seguindo para o setor de campos e bosquetes de pinhais existentes entre Capão Bonito e Itapeva.

Quando se entra no Paraná por Sengés, ocorre um derradeiro enclave de cerrados, o mesmo acontecendo bem para o norte do Estado, na região de Campo Mourão. As grandes matas tropicais terminam à altura do norte paranaense, basicamente circunscritas ao milagroso suporte ecológico das terras roxas. Em compensação, florestas biodiversas invadem a fachada atlântica de Santa Catarina e a zona sublitorânea do Rio Grande do Sul. Reaparecem posteriormente no baixo Iguaçu, tendo ainda como suporte ecológico as terras roxas. E, por fim, estendem-se de leste para oeste nas escarpas dissecadas da Serra Geral gaúcha.

A composição dessa paisagem de planaltos subtropicais, dominados por araucárias e eventuais campos de altitude, não foi simples. Os estudos paleoclimáticos disponíveis apontam para um quadro anterior, onde predominavam estepes geradas em condições muito secas e bem mais frias. Um cenário que envolvia solos sub-rochosos e eventualmente pedregosos nos planaltos interiores, com ausência de bosques subtropicais e reduzida presença de araucárias. Ao sul do vale do baixo Jacuí, as atuais coxilhas eram influenciadas por rústicos climas semiáridos frios, comportando solos escarificados e vegetação com cactáceas e espécies adaptadas a conviver em estepes também rústicas. Tudo isso tendo acontecido e dominado a paisagem regional, entre 23 mil e 13 mil anos atrás, quando o nível geral dos mares estava aproximadamente 100 m abaixo do nível atual; época em que as correntes frias ultrapassavam, em muito, a costa do Rio Grande do Sul, de Santa Catarina e do Paraná, alcançando talvez o sul da Bahia. Daí por que, em um ambiente de semidesertos costeiros, os altiplanos meridionais e as terras baixas centrais gaúchas comportavam extensivas paisagens estépicas. Isso no período Quaternário, quando a força de expansão das massas de ar equatoriais e tropicais estava extremamente reduzida.

Mesmo diante das escalas espaciais desmesuradamente amplas do território brasileiro, o setor meridional de nosso país possui dimensões dignas da maior consideração. Em uma área total de quase 578 mil quilômetros quadrados, dividida por três Estados – Paraná (199 554 km^2), Santa Catarina (95 985 km^2) e Rio Grande do Sul (282 184 km^2) – existe um eixo maior de distâncias, de norte para sul, com cerca de 1200 km, enquanto a extensão leste-oeste, em todas as unidades administrativas, não ultrapassa a 500 ou 600 km.

O Estado do Paraná é predominantemente planáltico, sendo o menos dotado de faixa litorânea (107 km). Já Santa Catarina, um tanto espremida entre os dois estados maiores – Paraná e Rio Grande do Sul – possui um litoral muito diversificado e distendido, com mais de 500 km de extensão. Uma faixa costeira que se desdobra pelos planaltos interiores, por centenas de quilômetros, até a fronteira com a Argentina. E, finalmente, o Rio Grande do Sul formando um grande quadrado, com o eixo maior ligeiramente inclinado para o nordeste e duas pequenas pontas fronteiriças (Uruguai e Argentina).

A paisagem do Planalto das Araucárias nos corredores de Curitiba.

O Rio Grande do Sul é a porção de maior diversificação topográfica e geológica do Brasil Meridional.

Comporta em sua metade norte altiplanos basálticos que descaem para oeste, acompanhando a rampa geral dos planaltos meridionais que se inclinam para os vales do Rio Paranaíba e do médio Uruguai. A metade sul do território gaúcho, em geral, é bem mais baixa, ainda que geológica, geomorfológica e fitogeograficamente mais complexa do que o restante do Brasil Meridional.

Para bem entender a geologia e a geomorfologia do Sul do Brasil é necessário realizar incursões (transectos) leste-oeste nos Estados do Paraná e de Santa Catarina e cruzar, no território gaúcho perfis de sul para norte e do litoral para o interior.

Do ponto de vista da geomorfologia estrutural, os fatos são um pouco mais complexos. O esquema dos três planaltos que caracterizam o território paranaense é bastante elucidativo. Após a estreita e reduzida planície costeira, que inclui as baías de Paranaguá e Guaratuba – ultrapassada as altas e irregulares escarpas da Serra do Mar – atinge-se o Primeiro Planalto paranaense, onde se aloja a Bacia de Curitiba e seu sistema de colinas, hoje totalmente ocupado pela própria capital. Segue-se a escarpada Serrinha, onde os resistentes arenitos da Formação Ponta Grossa compõem uma escarpa em arco duplo: paredões elevados em forma de abóbada fragmentada por fendas tectônicas, altas escarpas alinhadas, com larga concavidade, voltadas para leste.

Transpondo-se a Serrinha, com seus altos paredões sotopostos aos terrenos antigos do Planalto Atlântico paranaense, segue-se o Segundo Planalto Regional, num desdobrar de chapadões ondulados marcados por mosaicos de campos de cimeira e pequenos bosques de araucárias. Nesse segundo patamar dos planaltos do Paraná afloram terrenos de idade carbonífera e permiana, destacando-se localmente alguns morros-testemunho, de rochas ligeiramente mais resistentes e fortemente fissuradas, uma das topografias ruiniformes mais extraordinárias do país.

O Terceiro Planalto se inicia no reverso da Serra Geral: escarpa arenítico-basáltica em continuidade às escarpas similares que praticamente circundam a bacia do Paraná (Botucatu, em São Paulo; Maracaju, em Mato Grosso do Sul). A Serra Geral paranaense, mantida por resistentes estruturas de antigos derrames basálticos, dentre os tantos nomes que recebe em cada um de seus setores, é conhecida simbolicamente por Serra da Esperança.

Uma "esperança" que, certamente, se deve à presença de solos altamente férteis, oriundos da decomposição dos basaltos que afloram na maior parte do Terceiro Planalto, cobrindo uma área que vai desde a fronteira de São Paulo até Santa Catarina. A região é marcada por chapadões maciços e vales que se irradiam para o norte, o oeste e o sul.

Da simples observação do sistema hidrográfico paranaense, em cotejo com as estruturas sedimentares regionais, pode-se afiançar que todo o Paraná – em seus altiplanos interiores – formava meia abóbada alteada no setor oriental da grande bacia sedimentar e basáltica que leva o seu nome. Assim, a instalação hidrográfica foi dirigida para o ocidente, porém em leque irregular que se irradia para o norte, o noroeste e o oeste.

A única exceção em termos geológicos, no Terceiro Planalto, é a presença de uma pequena área de cobertura de arenitos – sobre basaltos – no extremo-noroeste do estado, onde os solos arenosos estão sujeitos a uma forte e potencial erosão (Formação Caiuá), como bem documentou Reinhard Maack, entre outros pesquisadores.

No extremo oeste do Paraná, às margens do grande rio que tem seu próprio nome, fervilha a cidade de Foz do Iguaçu, situada em um ponto de fronteira tríplice: Brasil, Argentina e Paraguai. Integrada à vizinha e atrativa Zona Franca de Ciudad del Este, na margem paraguaia, Foz do Iguaçu adquiriu notoriedade nacional e internacional em poucos anos. Localizada a igual distância entre as magníficas Cataratas do Iguaçu e a barragem da grande represa de Itaipu – tida como uma das maiores do mundo – a cidade tornou-se um ponto nodal na fronteira extremo-oeste do estado do Paraná. Reproduz, com vantagens, outros grupos de cidades gêmeas preexistentes nos confins do

Brasil Meridional (Uruguaiana-Los Libres; Santana do Livramento-Rivera). A menção a essa magnífica cidade de Foz do Iguaçu remete-nos, invariavelmente, ao grande monumento da natureza regional, constituído pelas cataratas do rio que lhe empresta o nome. Com o tamponamento lacustre das Sete Quedas do Rio Paraná e as profundas interferências sofridas pela Cachoeira de Paulo Afonso, as Cataratas do Iguaçu restaram como únicos acidentes naturais de grande força e beleza na região em todo o Brasil.

Os fantásticos derrames de lavas, acumulados no sudeste de Santa Catarina e nordeste do Rio Grande do Sul, por seu peso e volume, conseguiram deformar regionalmente a bacia sedimentar do Paraná. Resultou em camadas carboníferas sublitorâneas, sulcadas por vales de rios que vão diretamente para o mar, nas regiões de Criciúma, Lauro Müller e Uruçanga. Daí a presença de uma ou duas camadas – ou lentes de carvão mineral – economicamente exploráveis em galerias ou a céu aberto, apesar de seu baixo teor calorífico e de suas impregnações sulfurosas. Esses fatos também ocorrem na faixa carbonífera do Rio Grande do Sul nas colinas do Baixo Jacuí.

O grandioso tampão de lavas no setor catarinense-sul-rio-grandense da Serra Geral apresenta espessuras que totalizam até mais de 500 metros. Entre essas pesadas massas de lavas superpostas por sucessivos derrames, os terrenos cristalinos situados no entorno da bacia sofreram deformações geradoras de abóbadas sub-regionais, frequentes em diferentes porções do Escudo Brasileiro. Os geólogos que identificaram esse modelo de arqueamento macrodômico tendem a designá-lo pela singela expressão de "arco": Arco de Ponta Grossa, Arco Uruguaio-sul-rio-grandense, Arco da Canastra, entre outros.

Para melhor compreender o conjunto do edifício geológico do Brasil Meridional é necessário considerar o Arco de Ponta Grossa e o Arco Uruguaio-sul-rio-grandense. O primeiro forçou a reestruturação tectônica de toda a borda paranaense da Bacia Sedimentar do Paraná sob a forma de uma gigantesca *demi-voûte*. Ou seja, uma meia abóbada de tipo macrodômica que durante o soerguimento do conjunto estrutural conduziu aos complexos processos desnudacionais, responsáveis pela elaboração dos três planaltos paranaenses. Sendo que, no Primeiro Planalto, também designado Planalto Atlântico do Paraná, após um período de desnudação da cobertura sedimentar devoniana ocorreu um complicado rebaixamento dos terrenos cristalinos durante o decorrer do Terciário. Esse fato culminou na formação de uma pequena bacia sedimentar, transformada em um suavíssimo sistema de colinas, onde se desenvolveu a cidade de Curitiba.

A Serra Geral no nordeste do Rio Grande do Sul é uma alta borda de planalto, designada pelos gaúchos, com muita razão, pelo sugestivo nome de Aparados da Serra, um dos espetáculos paisagísticos mais extraordinários do Brasil Atlântico. Esse trecho sublitorâneo da Serra Geral tem a posição de uma "serra do mar", mas devido a sua constituição geológica difere completamente das escarpas tropicais florestadas do Paraná, São Paulo, Rio de Janeiro e Espírito Santo. Os escarpamentos talhados em basalto possuem altas paredes rochosas ou semirrochosas, com testada superior voltada para leste. *Canyons* curtos e profundos se formaram, sincopadamente, ao longo dos aparados, engendrando paisagens de particular excepcionalidade.

A partir do extremo sul do litoral catarinense – na região que se estende ao sul de Laguna – não mais existem condições climáticas para a ocorrência de manguezais. Um novo ecossistema costeiro, constituído por juncais, passa a ocorrer nos bordos internos das lagunas ou nas margens dos pouquíssimos rios que chegam ao mar, na faixa das grandes restingas.

Na região de Torres – interrompendo a rasura da linha de costas – surgem pequenos morros de basalto, tendo como base arenitos com camadas cruzadas (Botucatu). O conjunto é talhado frontalmente por altas falésias e exibe algumas grutas de abrasão. Ao fundo da Laguna Itapeva, na encosta baixa de um contraforte arenítico, encontra-se uma belíssima gruta fóssil, certamente proveniente de escavações marinhas do tempo em que o mar ali trabalhava, há 6 500 a 5 500 anos atrás.

O litoral norte do Rio Grande do Sul é o setor costeiro do Brasil onde mais evidentemente ocorrem assembleias de feições geomorfológicas, atribuíveis aos efeitos da abrasão, herdadas de uma época em que o nível do mar esteve a cerca de três metros acima do nível atual. Em minha viagem por esse litoral, acompanhando cientistas estrangeiros, um deles, diante do estado de conservação desse setor costeiro interiorizado, exclamou: "É como se eu ainda ouvisse o rugir das vagas na base dessas vertentes escarpadas!".

A partir do reverso dos Aparados da Serra, entre 1 000 e 1 200 m de altitude, inicia-se o grande planalto de rochas predominantemente oriundas de lavas básicas – e eventuais lavas ácidas – em seu dorso mais elevado. De leste para oeste, por 600 km de extensão, sucedem-se setores cada vez mais baixos, desde os campos de Vacaria até as ondulações colinosas das margens do médio Uruguai, na fronteira com a Argentina.

Ao sul desse bloco planáltico, relativamente homogêneo por sua estrutura geológica – porém dotado de setores morfológicos, topográficos e pedológicos um tanto diversos – sucede-se a depressão central do Rio Grande do Sul, onde se desenvolveu a larga e fértil planície aluvial do baixo Jacuí. Enquanto essa faixa rebaixada é dominada por uma topografia de coxilhas, constituindo-se num dos setores mais típicos da Campanha Gaúcha, os rios dotados de largas planícies aluviais têm traçados opósitos. O baixo Jacuí caminha para o velho estuário do Guaíba e para a Lagoa dos Patos. Por sua vez, o Ibicuí segue para oeste, chegando ao médio Uruguai, na fronteira com a Argentina. Ao sul do vale do Ibicuí, em pleno sudoeste gaúcho, estende-se o bloco mais rebaixado dos planaltos arenítico-basálticos da região. O vale do Rio Santa Maria, afluente do Ibicuí, permanece embutido nas baixas coxilhas onduladas que flanqueiam a Serra do Caverá, escarpa de *cuestas* baixa, que limita o platô basáltico – e em grande parte arenítico – da Campanha de Sudoeste.

Pradarias mistas, com florestas-galeria subtropicais, recobriam grandes espaços da Campanha Gaúcha. Arrozais intermináveis foram implantados em todas as planícies das depressões sul-rio-grandenses enquanto, recentemente, a soja prolifera intensamente na paisagem agrária das áreas de basalto decomposto, situadas a oeste e a nordeste de Alegrete, assim como nas terras pretas de Bagé.

Ao sul-sudoeste de Alegrete, em área de solos areníticos, vem ocorrendo escarificação por ações antrópicas e manejo agrícola inadequado. O desmate da vegetação chaquenha e de pradarias mistas para o plantio de soja, bem como o uso inconsequente de máquinas agrícolas pesadas e escarificadoras provocaram uma erosão eólica suficiente para soerguer areias e constituir pequenas áreas de dunas. Daí por que vastos setores das campinas regionais foram abandonados, tanto para o pastoreio como para o cultivo, necessitando de usos alternativos com florestas plantadas, de interesse econômico.

Ao longo das perspectivas distendidas do domínio das coxilhas, dotadas de pradarias mistas, existem pequenos retiros de estâncias envolvidas por cercas vivas e arvoredo baixo, além de minúsculos bosques de eucalipto que servem como defesa contra o frio e o forte vento minuano. Diante da pergunta sobre qual seria a função desses minúsculos bosques, um peão da Campanha respondeu rapidamente: "Vizinho, n'um sabe: aquelas árvores servem para defender o gado do frio, do vento ou do muito sol e calor do verão". Fiquei pensando que muita gente no mundo tem menos proteção do que o gado da terra gaúcha.

Pontilhando os amplos espaços do Planalto das Araucárias e das pradarias mistas da Campanha Gaúcha, ocorrem numerosas paisagens de exceção. A começar pelo litoral do Paraná e de Santa Catarina, que comporta sucessivas baías de ingressão marinha, ilhas continentais dotadas de belíssimas e diversificadas paisagens e numerosas pequenas praias, engastadas no fundo de enseadas e angras. Cenários terminais da tropicalidade, na fachada atlântica do Brasil, em um quadro paisagístico de costas altas, modeladas em uma acidentada faixa de terrenos cristalinos. Uma paisagem insular paradisíaca é a Ilha de Santa Catarina, com 550 km², na forma de mostruário dos espaços ecológicos tropicais de transição.

Para o interior, não muito longe da costa, no vale do Itajaí, expõe-se o exótico e encantador mundo urbano e agrário herdado da colonização alemã, que se espalha por outros tantos vales e canhadas: Blumenau, Joinville, Brusque. Sítios urbanos estreitos e limitantes, sujeitos a inundações drásticas devido à variabilidade climática, responsável por anos de precipitações excepcionais. Uma região industrial difusa – esparramada por recantos de planícies, sopés de morros e terraços fluviais – com alta diversidade de produtos de interesse coletivo: têxteis, metalúrgicos, confecções, malhas, camisas e indústrias alimentícias.

Mais para o interior sucedem-se capitais regionais ativas e em franco processo de modernização e crescimento: Rio do Sul, próxima da junção dos dois braços planálticos do Itajaí (Rios Itajaí do Oeste e Itajaí do Sul); mais para oeste, a importante cidade de Lajes, localizada em um setor com anomalias de condições geológicas (domo de Lajes). Uma belíssima região de campos e pequenos bosques de araucária, outrora circundada por coberturas contínuas de pinhais e sub-bosques biodiversos. Lajes, um entroncamento de rotas terrestres, suficiente para interconectar as cidades do oeste catarinense com a rede de cidades costeiras do estado. Curitibanos, Joaçaba, Concórdia e Chapecó são áreas de antigas pastagens, transformadas em regiões produtoras de soja, trigo e milho, com pequenas e médias propriedades dedicadas à cultura de subsistência e à criação de suínos para comercialização em frigoríficos. Região de expansão tardia, de descendentes de colonos alemães, italianos e poloneses. Um mundo rural pleno de trabalho e produtividade, baseado numa democrática divisão de terras.

A excepcional idade de alguns cenários do estado do Paraná é bastante conhecida. Desde a tríplice baía de Paranaguá e Antonina com seus recantos – ora muito ativos, ora bucólicos – às imponentes escarpas florestadas, dotadas de topos e encostas irregulares que atingem até 1 920 m no Pico do Paraná. Trata-se de serranias frontais, em um setor da Serra do Mar, onde os altos picos e maciços rochosos descaem abruptamente para os lados da vertente marítima. Mas também possuem declives rápidos e de considerável amplitude no seu reverso continental, onde começam as colinas do Primeiro Planalto paranaense. Para o lado do mar ocorrem florestas tropicais altamente biodiversas. Para a vertente altiplana existe uma passagem brusca para campos de cimeira, bosquetes de araucária e, outrora, largas florestas-galeria subtropicais, das planícies do Rio Iguaçu.

Um espetáculo à parte, no Sul do país, é a própria cidade de Curitiba – importante cruzamento de rotas terrestres em direção ao litoral e de vastas hinterlândias, incluindo as mais importantes interligações para o extremo sul do país, para o Uruguai e a Argentina. Cidade de funções múltiplas, forte comércio e excelente padrão socioeconômico. Centro universitário e educacional em pleno funcionamento e desdobramento. Área que compete, em igualdade de condições, com Porto Alegre e Florianópolis. Uma metrópole preocupada com o controle urbanístico e a garantia de funcionalidade para o trânsito da população e dos produtos da economia regional.

Mais para o interior, uma rede urbana composta de cidades tradicionais, em pleno processo de desenvolvimento econômico e social. Cidades um tanto espaçadas entre si, constituindo um modelo que não oferece sérias ameaças futuras quanto ao esgotamento progressivo dos espaços agrários produtivos. Nos domínios dos antigos pastos, estenderam-se as novas culturas que têm interesse direto para as exportações brasileiras.

Velhos núcleos de apoio a exageradas atividades madeireiras tornaram-se centros urbanos modernos, diversificados e ativos, como Ponta Grossa, Guarapuava, Cascavel e Foz do Iguaçu. E, no importante norte do Paraná, a rede urbana das cidades cafeeiras – Londrina, Maringá e Apucarana – hoje muito bem integrada à rede urbana comandada pela região metropolitana de Curitiba e ao porto de Paranaguá, que garantem a comercialização e exportação de seus produtos agrícolas e industriais. Uma área de terras roxas, de alta fertilidade natural, na qual, infelizmente, a especulação com terras para fins urbanos tem sido incontrolável.

Cumpre registrar, nos dois bordos do estado, a presença de áreas preservadas por lei, como o Parque Nacional do Iguaçu e o conjunto da Serra do Mar paranaense, em continuidade direta com a ampla área tombada do setor paulista das escarpas tropicais costeiras.

Outro conjunto de paisagens de exceção em terras paranaenses diz respeito aos boqueirões, através dos quais rios nascidos no Planalto de Curitiba conseguem penetrar nas escarpas da Serrinha e da Serra Geral, atingindo assim os confins dos planaltos interiores.

Em alguns lugares, denotando imaginação fértil e bem-humorada, o homem do povo qualifica os boqueirões como "lugares onde o rio subiu a serra". Na realidade, são locais onde o rio antecedeu-se ao soerguimento regional, mantendo depois seu traçado inicial e conseguindo, assim, passar pelos boqueirões de origem posterior.

Como expressão paisagística típica do Paraná, é impossível deixar de registrar a bizarra paisagem de Vila Velha e seus arredores, onde se destacam feições ruiniformes em diversos estágios de evolução e em pleno centro do Segundo Planalto. Nessa área de afloramento, de rochas sedimentares que vão do Período Devoniano ao Carbonífero e Permiano, alguns blocos de sedimentos fluvioglaciais produziram uma pequena escarpa arenítica, desfeita localmente em exótico morro-testemunho.

No caso particular desse morro, após a formação de uma pequena mesa, houve perda da camada mantenedora superior e forte infiltração d'água por meio de uma rede de fendas. Os arenitos predispostos a umedecimento e alteração criaram corredores subterrâneos, com destaque lateral de torreões acinturados. Alguns permaneceram isolados nos bordos do próprio morrote, como se fossem *yardangs* remanescentes de condições erosivas, de caráter mais propriamente desértico, o que no caso não é exato.

O estudo dos depósitos existentes na estrutura superficial da paisagem – nos arredores de Vila Velha – documenta a presença de climas secos, porém não-desérticos, no final do Pleistoceno, com uma gradual mudança para ambientes subtropicais úmidos nos últimos milênios. Pode-se afiançar que o processo de escarificação vinha se fazendo há muito tempo, durante o Período Quaternário, de tal forma que o conjunto ruiniforme de hoje se enquadra em um caso de evolução pseudocárstica sobre arenitos de cimento solúvel.

Cada feição isolada dos alcantis e torres de Vila Velha recebe um nome evocativo, saído da imaginação popular, o que é muito comum em casos de topografias ruiniformes. O caráter de ruínas de uma "velha vila" é dependente do arranjo adquirido pelas paredes, onde estão expostos fácies primários da deposição fluvioglacial. Acrescente-se ainda a essa área a presença de furnas profundas e lagos com grande espessura d'água.

O Rio Grande do Sul exibe um dos quadros mais diversificados de paisagens de exceção em toda a região. Entretanto, no caso particular da terra gaúcha, não se trata apenas de valorizar os exíguos ecossistemas naturais primários remanescentes. Ou, ainda, destacar a expressão paisagística dos imponentes cenários de altas escarpas, serranias e *canyons*, dos tratos de coxilhas e cerros, ou dos sistemas lagunares e intermináveis praias.

Existe algo mais relacionado com as raízes do povoamento – áreas culturais fortemente imbricadas – e com a dinâmica dos agroecossistemas projetados por amplos setores de espaços ecológicos (habituais ou não), ao que se agregam os diversos agrupamentos ou subsistemas urbanos, nascidos e desenvolvidos por toda a parte: nos altiplanos e chapadões da metade norte; nas serranias sujeitas à colonização alemã e italiana; nas depressões interiores e coxilhas da Campanha; na área de múltipla convergência do rio em torno do velho e majestoso estuário do Guaíba; e, sincopadamente, ao longo da faixa costeira que se estende por centenas de quilômetros de restingas, lagoinhas, lagoas e campos de dunas.

Topografia ruiniforme de Vila Velha no PR.

As regiões serranas da borda sul-oriental do planalto basáltico se iniciam entre Dois Irmãos e Morro Reuter, prolongando-se para Nova Petrópolis, Caxias, Bento Gonçalves, Gramado e Canela. O estuário do Guaíba e o maciço de Porto Alegre, com seus promontórios fluviais e deslumbrantes cenários do céu, envolvem o delta do Jacuí numa retroterra de grande concentração fluvial (Gravataí, Rio dos Sinos, Taquari, Caí e o próprio Jacuí). Na metade sul engendrou-se uma das mais vigorosas culturas populares do Brasil, gerada na luta pela sobrevivência e pela garantia da posse territorial. Uma área rural que se construiu à custa de "ilhotas" de humanidade – um tanto solitárias – atentas aos perigos vindos das fronteiras de um velho passado e sujeitas ao comando amedrontador de pragmáticas elites urbanas.

Nas terras do Escudo Uruguaio-sul-rio-grandense, entre coxilhas, cerros e restos aplainados de maciços cristalinos – que nunca ultrapassam 450 m de altitude – existe uma grande diversificação de ecossistemas: matinhas subtropicais, faixas de campos rupestres, bosques de espinilho e transições para pradarias mistas e florestas-galeria. Ocorrem, ainda, estepes rupestres sobre alongadas faixas de quartzitos (crista rebaixada do alinhamento das Serras do Erval, Tapes, Canguçu e Boqueirão). No bordo centro-noroeste do escudo, na região de Camaquã, encontra-se uma pequena fossa tectônica, recheada de arenitos metamórficos pré--devonianos, reentalhados sob a forma de bizarras "guaritas".

Mas, certamente, são as duas subáreas de colonização europeia estabelecidas ao norte de Porto Alegre que mais se destacam na economia e na dinâmica social do estado. De um lado, os núcleos tradicionais de colonização alemã, que se estendem desde o vale do Rio dos Sinos até os sopés das serranias e, daí por diante, se adentram para os acidentados rincões de Nova Petrópolis, Canela e Gramado, num contexto de total assimilação às tradições gaúchas. De outro lado, as subáreas de inserção de colonos de origem italiana – distribuídos pelas regiões vinhateiras de Caxias do Sul, Bento Gonçalves e Farroupilha – que originaram os primeiros núcleos de onde partiram descendentes para oeste e noroeste, penetrando por zonas rurais do oeste de Santa Catarina e do Paraná.

A saga do povoamento do extremo-sul brasileiro desdobrou-se por muitos ramos, muitos objetivos e um amplo enquadramento territorial: luso-brasileiros desceram de Laguna para o Sul, pela região costeira, até a barra da Lagoa dos Patos (Colônia do Sacramento); bandeirantes paulistas, através de longas caminhadas pelas rotas do planalto, fustigaram e desencorajaram as missões jesuíticas no médio Uruguai e no médio Paraná; casais açorianos foram chamados a colonizar – em ponta de lança leste-oeste – as coxilhas da depressão central de Porto Alegre até Rio Pardo e Santa Maria. Essa rede de cidades, juntamente com a muralha florestada da Serra Geral e o alinhamento de fortes bem localizados, garantiu a posse territorial do "continente de São Pedro" para o Brasil. Muito depois de acertos garantidos por tratados internacionais (século XVIII), vieram os colonos alemães e italianos, em uma aventura bem-sucedida de colonização, tendo por espaço ecológico o piemonte de serras, vales e serranias, planaltos de solos férteis e, sobretudo, terras liberadas de invasões.

Mas o grande destaque vai para a região metropolitana de Porto Alegre, cidade histórica por seu passado, como ponto de apoio inicial para a entrada dos casais açorianos que povoariam as terras baixas da depressão central gaúcha.

Essa capital foi porto fluvial de fundo de estuário, área de transbordo de pessoas e mercadorias para os setores colonizados pelos açorianos, assim como para levas e levas de imigrantes alemães e italianos. Funcionou, ainda, como ponto terminal de ferrovias pioneiras, desde o início do século até as décadas de 1940 e 1950. Uma cidade viva, em constante desdobramento de funções. Uma região metropolitana ativa e em rápida ampliação. Um importante centro cultural e universitário, dotado de vigor e criatividade, movido por lideranças esclarecidas e independentes. Depois de ter sido ligada a suas vastas hinterlândias por uma trama de caminhos terrestres, sincopados por travessias de balsas, ganhou uma rede viária bem estruturada, compatível com a era do automóvel e dos caminhões. Nos últimos anos vem se preparando para completar e reestruturar suas ferrovias, na esperança de sucesso do Mercosul. Uma cidade para se viver e trabalhar.

8
O Domínio dos Cerrados*

Todo pesquisador que na juventude cometeu a audácia de estudar uma região de seu país – de grande ou pequeno espaço, de longa ou curta história – aspira retornar muitos anos depois, a fim de reexaminar os fatos observados e revisar a nova conjuntura criada por força da dinâmica social e pela atuação de fatores até certo ponto imponderáveis. Para um geógrafo, voltar a uma região do grande interior brasileiro é um ato de revisão das paisagens e espaços, em nível físico, ecológico e social. Mas também a oportunidade de questionar a si próprio, em termos de mudança de ética de observação e do modo de perceber os sistemas de relações entre grupos humanos e meios geográficos em mudança.

Temos a impressão de que retornar a regiões pesquisadas no passado, em países de velhas e quase imutáveis estruturas agrárias, pode ser uma tarefa até certo ponto decepcionante. Pensamos, sobretudo, em alguns casos da rígida estrutura social e econômica da campanha francesa e de sua rede de velhas aldeias, resistentes a quase toda modernização e transformações. No caso do Brasil, porém, em áreas onde o arcaísmo cedeu lugar a uma modernização incompleta, a tarefa de retornar para reanalisar é quase sempre um projeto fadado a ser gratificante.

Em nosso país, no decorrer de três décadas, algumas regiões mudaram em quase tudo, incorporando padrões modernos que, muitas vezes, abafa-

---

* Publicado originalmente na *Revista da Funcep*, vol. 1, pp. 41-55, Brasília, DF.

ram por substituição velhas e arcaicas estruturas sociais e econômicas. Tais mudanças se ligaram, sobretudo, a implantações de novas infraestruturas viárias e energéticas e à descoberta de impensadas vocações dos solos regionais para atividades agrárias rentáveis. Pensamos, explicitamente, no caso do centro-sul e sudoeste de Goiás e no exemplo da porção ocidental dos planaltos do Paraná, Santa Catarina e Rio Grande do Sul.

No caso de Goiás e Mato Grosso – tomados em seu conjunto – as modificações dependeram de transformações fundamentais na produtividade das terras de cerrados, a par com uma extensiva modernização dos meios de transporte e circulação. Acima de tudo, porém, o desenvolvimento regional deveu-se a uma harmoniosa transformação acoplada do meio urbano e dos meios rurais a serviço da produção de alimentos. No conjunto desses processos, certamente foi muito importante a série de modificações na rede urbana do Brasil Central, forçadas pela implantação de Brasília. A revitalização da rede urbana atingiu todos os quadrantes regionais do domínio dos cerrados: o Triângulo Mineiro, através de Uberlândia e Uberaba e suas sub-redes urbanas; o sul de Mato Grosso, através de Campo Grande e Dourados; o sudoeste de Goiás, através de Rio Verde, Jataí e Montevideo; o centro de Goiás, por meio de Anápolis, Goiânia e Brasília; e a rede urbana em reestruturação de Mato Grosso, através de relações leste-oeste na direção de Rondônia e Tocantins e sul-norte na direção da Amazônia. O próprio extremo norte de Goiás, atual estado do Tocantins dotado de solos menos férteis do que a metade Sul transmudou-se por meio de uma pequena rede de centros urbanos de apoio ao ensejo da construção e consolidação da rodovia Belém-Brasília, que é mais propriamente uma ligação Anápolis-Belém do Pará.

Não nos envolveremos com considerações sobre regiões que evoluíram pouco apesar do advento de infraestruturas viárias relativamente modernas e a despeito mesmo de injeções de capitais financeiros, que não tiveram força para uma redistribuição justa a serviço do homem e da sociedade regional, vista como um todo.

Preocupados em fixar ideias sobre o nível de evolução recente do Brasil Central dentro de nossas possibilidades de geomorfologistas, queremos contribuir para uma revisão da gênese das paisagens e dos espaços geoecológicos de uma região que está no meio do processo motor de modernização e de desenvolvimento do país. Acreditamos que uma revisão das bases físicas que sustentaram a revitalização econômico-social da região possa ser útil ao conhecimento científico e, quiçá, ao esforço de preservação dos fluxos vivos da natureza regional. Estamos atentos para a necessidade de um zoneamento regional do domínio do cerrado dirigido para uma política pública de indução ao equilíbrio entre o uso do espaço e a defesa integrada da natureza.

O domínio dos chapadões recobertos por cerrados e penetrados por florestas-galeria – de diversas composições – constitui-se em um espaço físico ecológico e biótico, de primeira ordem de grandeza, possuindo de 1,7 a 1,9 milhão de quilômetros quadrados de extensão. O polígono dos cerrados centrais brasileiros, muito embora tenha uma posição zonal em relação ao grande conjunto das savanas e cerrados da África Austral e da América Tropical, em nível dos espaços fisiográficos e ecológicos brasileiros, é apenas mais um dos grandes polígonos irregulares que formam o mosaico paisagístico e ecológico do país. No Brasil, sem qualquer dúvida, o caráter longitudinal e o grau de interiorização das matas atlânticas quebraram a possibilidade de uma distribuição leste-oeste marcada para o domínio dos cerrados, representante sul-americano da grande zona das savanas. Por outro lado, a composição florística dos tipos de vegetação da área nuclear dos cerrados – constituído por padrões regionais de cerrados e cerradões – é muito diversa das verdadeiras savanas, existentes em território africano. Apenas os chamados campestres, de ocorrência limitada, são savanoides.

Na África predomina um arranjo transicional gradual para os diversos tipos de savanas, desde a borda das grandes matas da Guiné até as lindes das estepes subdesérticas e desérticas, pré-saarianas e pré-kalaarianas. No Brasil, cerrados e cerradões se repetem por toda a parte no interior e das margens da área nuclear do domínio morfoclimático regional. As variações florísticas dizem respeito muito mais aos tipos de florestas--galeria do que propriamente aos padrões de cerrados e cerradões dos interflúvios.

Nas áreas onde ocorriam cerradões – hoje muito degradados por diferentes tipos de ações antrópicas – existiam verdadeiras florestas baixas e de troncos relativamente finos, compostos por processos naturais de adensamento de velhos estoques florísticos de cerrados quaternários e terciários. Os campestres ilhados no meio de grandes extensões de cerrados e cerradões não passam de enclaves de campos tropicais e, portanto, de savanas brasileiras (noroeste de Mato Grosso, sudoeste de Goiás, faixas de campos limpos de áreas dissecadas em cabeceiras de sub-bacias hidrográficas, serranias quartzíticas, situadas ao norte de Brasília) e de pradarias mistas subtropicais de planalto (campo de vacaria, em Mato Grosso do Sul).

O domínio dos cerrados, em sua região nuclear, ocupa predominantemente maciços planaltos de estrutura complexa, dotados de superfícies aplainadas de cimeira, e um conjunto significativo de planaltos sedimentares compartimentados, situados em níveis que variam entre 300 e 1700 m de altitude. As formas de terrenos são, *grosso modo*, similares tanto nas áreas de terrenos cristalinos aplainados como nas áreas sedimentares sobrelevadas e transformadas em planaltos típicos. No detalhe, entrementes, as feições morfológicas são muito mais diversificadas, fato bem testemunhado pelo caráter compósito dos padrões de drenagem das sub-bacias hidrográficas, ainda que, em conjunto, chapadões sedimentares e chapadões de estrutura complexa e de velhos terrenos tenham o mesmo comportamento na estruturação de paisagens físicas e ecológicas no domínio dos cerrados. No caso particular do domínio dos cerrados não existe a necessidade de pressupor a existência de um subdomínio de formas peculiares às áreas sedimentares, por oposição à maior tipicidade dos terrenos cristalinos, como acontece em todos os outros domínios morfoclimáticos brasileiros.

Dentro da escala paisagística observável diretamente pelo homem, o domínio dos cerrados apresenta *cerrados* e *cerradões* predominantemente nos interflúvios e vertentes suaves dos diferentes tipos de planaltos regionais. Faixas de campos limpos ou campestres sublinham as áreas de cristas quartzíticas e xistos aplainados e mal pedogenetizados dos bordos de chapadões onde nascem bacias de captação de pequenas torrentes dotadas de forte capacidade de dissecação (centro-sul de Goiás). Por sua vez, as florestas-galeria permanecem amarradas rigidamente ao fundo aluvial dos vales de porte médio a grande. Os sulcos das cabeceiras dendritificadas das sub-bacias hidrográficas possuem apenas uma vegetação ciliar, disposta linearmente, em sistema de frágil implantação. As florestas-galeria verdadeiras às vezes ocupam apenas os diques marginais do centro das planícies de inundação, em forma de corredor contínuo de matas; outras vezes, quando o fundo aluvial é mais homogêneo e alongado, ocupam toda a calha aluvial, sob a forma de serpenteantes corredores florestais.

Não raro, em alguns setores, estendem-se continuadamente pelo setor aluvial central das planícies, deixando lugar para corredores herbáceos nos dois bordos da galeria florestal, arranjo fitogeográfico reconhecido pelo nome popular de veredas. Tal situação, muito comum nos setores de cerrados que envolvem o domínio das caatingas, corresponde a casos em que predominam sedimentos arenosos nos bordos das planícies de inundação. Por essa razão, as veredas se comportam como corredores de formações herbáceas rasas, no fundo lateral das planícies de inundação onde existem réstias subatuais de areias mal pedogenetizadas (regossolos planos). As *veredas*, a nosso ver, estão para os lados das matas de galeria no domínio dos cerrados tal como os chamados *ariscos* estão para as estreitas galerias de diques marginais de rios intermitentes sazonários no interior do domínio das caatingas.

Do mesmo modo, as campinas de várzeas na Amazônia são veredas encharcadas de areias brancas situadas à margem de florestas-galeria de diques marginais, no centro de antigas faixas de areias geradas em condições climáticas rústicas, constituindo outra modalidade de ecossistemas diversificados, de complexa origem paleoclimática e paleofluvial. Apenas a título de informação, queremos lembrar que a região-protótipo para o estudo dessas faixas de areias brancas, situadas em várzeas do reverso de diques marginais florestados, similares aos casos de veredas e ariscos, é o vale do Moju, a leste de Tucuruí (Ab'Sáber, 1982), em plena Amazônia oriental. Todos esses padrões anômalos de setores de planícies de inundação deveria ficar totalmente à margem de cogitação dos projetos ditos Pró-Várzea, para evitar gastos e expectativas inúteis, em função das peculiaridades desses ecossistemas que não têm vocação agrícola identificável. Recado válido para tecnocratas, governantes e especuladores de todos os naipes.

O domínio dos cerrados possui drenagens perenes para os cursos d'água principais e secundários, envolvendo, porém, o desaparecimento temporário dos caminhos d'água de menor ordem de grandeza por ocasião do período seco do meio do ano. Dessa forma, coexiste uma perenidade geral para a drenagem dos cerrados, com um efeito descontínuo de intermitência sazonal para os caminhos d'água das vertentes e interflúvios, a par com uma atenuação dos fluxos d'água nos canais de escoamento das pequenas sub-bacias de posição interfluvial. O ritmo marcante da tropicalidade regional, com estações muito chuvosas alternadas com estações secas que inclui um total de precipitações anuais de três a quatro vezes aquele ocorrente no domínio das caatingas, implica uma preservação extensiva dos padrões de perenidade dos cursos d'água regionais. Mesmo nos canais de escoamento laterais aos chapadões e de muita pequena extensão, permanece uma espécie de linha de molhamento d'água sub-superficial, durante toda a estação seca de meio do ano. O lençol d'água sofre variações ao longo do ano, desde um a 1,5 m até 3 a 4 m no subsolo superficial dos cerrados, continuando, porém, em posição subsuperficial à topografia, alimentando as raízes da vegetação lenhosa dos cerrados.

A aparência xeromórfica de muitas espécies do cerrado é falsa; segundo Ferri (1963), tratar-se-ia de um pseudoxeromorfismo, fato que endossaria a hipótese de um escleromorfismo oligotrófico (Arens, 1963). As plantas lenhosas dos campos cerrados seriam, portanto, uma flora de evolução integrada com as condições dos climas e solos dos trópicos úmidos sujeitos a forte sazonalidade.

A natureza física e ecológica dos cerrados possui poucas deficiências hídricas no solo subsuperficial, apresentando entrementes fortes deficiências de umidade do ar na prolongada estiagem do meio do ano. Para Arens (1963), "a flora dos campos cerrados é exposta ao máximo de iluminação pelo clima, que se caracteriza por um número elevado de dias de céu descoberto e pela natureza da vegetação rala que produz sombra mínima". Em oposição evidente ao que acontece no chão das florestas ombrofílicas da Amazônia e do Brasil Tropical Atlântico.

Situação que consideramos verdadeira, sobretudo para o período de inverno seco, mas que é modificada em muito durante o verão chuvoso. Nesse sentido, há que estudar com mais cuidado o comportamento da flora dos cerrados e dos cerradões nos dois momentos estacionais tão contrastados.

Climaticamente, o domínio dos cerrados – em sua área nuclear – comporta de cinco a seis meses secos, opondo-se a seis ou sete meses relativamente chuvosos. As temperaturas médias anuais variam de amplitude, de um mínimo de 20 a 22°C até um máximo de 24 a 26°C, levando-se em conta o espaço total dos cerrados desde o sul de Mato Grosso até ao Maranhão-Piauí. Nenhum mês possui temperatura média inferior a 18°C (Nimer, 1977). Entretanto, a umidade do ar atinge níveis muito baixos no inverno seco (38 a 40%) e níveis muito elevados no verão chuvoso (95 a 97%). Tal fato acentua a sazonalidade que tem sido vista, sobretudo, em termos de alternância de estações chuvosas com estações secas. Entretanto, no inverno seco, a taxa de umidade do ar no domínio dos cerrados é tão baixa quanto aquela do domínio das caatingas na mesma época ou mesmo mais baixa.

A combinação de fatos físicos, ecológicos e bióticos que caracteriza o domínio dos cerrados é, na aparência, de relativa homogeneidade, extensível a grandes espaços. A repetitividade das paisagens vegetais ligadas ao tema dos cerrados – cerrados, cerradões, campestres de diversos tipos – contribui muito para o caráter monótono desse grande conjunto paisagístico. Mesmo, entretanto, do ponto de vista exclusivamente morfológico, o domínio dos cerrados apresenta sutis diferenciações de padrões de paisagens em função de fatores litológicos e estruturais:

– predomínio da decomposição química, mais ou menos profunda, porém não totalmente generalizada no espaço, das rochas cristalinas, na faixa dos gnaisses e micaxistos. Atenuação da decomposição, em profundidade, das rochas quartzíticas e de xistos argilosos, expostos em grandes extensões. Alterações contidas de arenitos e siltitos e fraco aprofundamento da decomposição de afloramentos basálticos. Do que decorre a existência de "terra roxas de campo", velha expressão criada por fazendeiros paulistas e mato-grossenses;

- predominância de latossolos, tanto para áreas sedimentares como para terrenos cristalinos ou cristalofilianos e eventuais exposições de basaltos. As áreas onde as crostas duras de laterita já foram eliminadas, ou nunca existiram, têm melhores condições a ofertar para atividades agrícolas, sob a condição de calagem de calcários ou de uso de adubos fosfatados. Em cima das espessas cangas de laterais fósseis – presumivelmente de idade terciária, em alguns altos interflúvios de chapadões – somente sobrevivem mirrados cerrados *substandards*;
- convexização em geral discreta, porém fortemente diferenciada de nível topográfico para nível topográfico, e de província geológica para província geológica. No Brasil Central, os altos chapadões destituídos de cangas e dominados por gnaisses e rochas metamórficas heterogêneas têm a tendência a uma larga e bem marcada convexização. Quartzitos e xistos resistentes apresentam perfis irregulares de vertentes, com setores semiescarpados ravinados. Cerrados e cerradões de maior biomassa recobriam os setores de convexização mais bem marcada, enquanto que os setores quartzíticos possuíam coberturas herbáceas ralas, pontilhadas por raquíticas espécies dos cerrados. No sul de Mato Grosso, pradarias mistas interfluviais documentavam a presença de solos naturalmente mais ricos em nutrientes, envolvidos por faixas de cerrados de meia encosta e, mais abaixo, no fundo e vertente baixas dos vales, por florestas-galeria ampliadas. Nos campos das vertentes a oeste de Barbacena (MG), os campestres se limitam aos altos dos morros em áreas de chão pedregoso mal tamponado, enquanto que uma faixa de cerrados, *grosso modo*, disposta em curva de nível, separa as matas secas dos vales em relação aos pobres campestres de cimeira e altas vertentes. Em muitos setores sedimentares, ou em áreas cristalinas rebaixadas, dotadas de solos relativamente rasos, existem grandes extensões de cerrados transformados em pastos sujos, com vegetação rala e esparsa (cerradinhos). Os verdadeiros cerradões quase sempre ocorriam em setores de chapadões com vertentes convexizadas e melhores padrões de solos;
- predominam por grandes espaços, no domínio dos cerrados, padrões de drenagem que variam de subparalelo a ligeiramente dendrítico. Trata-se de área que possui, via de regra, os menores índices de densidade de drenagem, fazendo grande contraste com os padrões ocorrentes nas áreas tropicais úmidas. Padrões compósitos de drenagem podem ocorrer em áreas de predominância de estruturas dobradas aplainadas, em que as faixas litológicas se tornam muito desiguais em extensão e em forma de participação na compartimentação da topografia. Nesses casos –

muito comuns desde o sudoeste de Minas Gerais até as proximidades de Brasília – coexistem padrões espaçados, subparalelos e ligeiramente dendríticos, com padrões mais densos pertencentes a bacias de captação de drenagens, em setores semiescarpados, ravinados e dominados por campestres de solos muito pobres.

Compartimentos de Relevo na Área Nuclear dos Cerrados

A imagem, geralmente feita, de que a área dos cerrados seria constituída apenas por enormes chapadões, situados na posição de divisores entre a drenagem do Prata e do Amazonas, é somente em parte verdadeira. Certamente se trata do domínio morfoclimático brasileiro onde ocorre a maior macissividade, extensividade e homogeneidade relativa de formas topográficas planálticas do Brasil intertropical. Planaltos sedimentares cedem lugar, quase sem solução de continuidade, a planaltos de estruturas mais complexas, nivelados por velhos aplainamentos de cimeira, formando o grande Planalto Central. Nunca será demais lembrar que o conjunto espacial do domínio dos cerrados, nos altiplanos centrais, representa mais ou menos a metade da área total do gigantesco conjunto de terras altas, de mediana altitude (600 a 1100 m), designado por Planalto Brasileiro.

Comparado com as acidentadas e corrugadas terras do Sudeste e Leste do país, o Planalto Central efetivamente pode ser considerado uma vasta área de chapadões, revestidos por cerrados e penetrados por florestas-galeria. Um "mar de chapadões" com cerrados, interpenetrado por florestas galerias, opondo-se a um "mar de morros" originalmente florestado. O próprio Nordeste Seco, com suas largas depressões interplanálticas e intermontanas – dominados por caatingas e drenagens intermitentes –, é muito mais compartimentado que o elevado e relativamente contínuo conjunto de terras altas do Brasil Central. Nesse sentido, uma diferença essencial marca esses dois domínios morfoclimáticos e fitogeográficos. Em sua área nuclear os cerrados ocupam os interflúvios de um extensíssimo planalto. No domínio das caatingas, a área nuclear situa-se predominantemente nas depressões interplanálticas, em posição totalmente oposta à dos cerrados.

Esse quadro, válido para observações de conjunto, na escala de "universos" paisagísticos regionais, pode sofrer, entretanto, algumas modificações significativas, quando transmudados para escalas mais próximas do sub-regional. No primeiro caso, conjuntos paisagísticos apreendidos na escala de mapas e, no segundo, paisagens regionais vistas na escala de cartas topográficas. Ou, mais tecnicamente, conjuntos espaciais de primeira ordem de grandeza (mais de um milhão de quilômetros de extensão), opondo-se a observações feitas na escala de relevos de terceira ordem de grandeza (10 mil a 100 mil quilômetros de extensão), segundo a classificação de Cailleux-Tricart (1955).

Para fins de uma compreensão mais detalhada da distribuição dos cerrados pelos compartimentos de relevo mais significativos do próprio Planalto Central, há que aprofundar a escala de tratamento geomorfológico até ao nível do entendimento da compartimentação topográfica de depressões interplanálticas e depressões desnudacionais ditas periféricas. Mesmo porque parte da história da expansão das coberturas vegetais que deram origem ao *continuum* atual da área nuclear dos cerrados fez-se pela expansão descendente dos tecidos ecológicos dos cerrados de altiplanos para algumas das depressões interplanálticas existentes no centro ou na periferia do antigo grande refúgio dos cerrados do Brasil Central. Muitas de tais depressões, até há poucos milênios, foram mais secas do que atualmente, ainda que um pouco menos quentes (13 mil a 18 mil anos A.P.). E, como se verá, tais setores interplanálticos foram exatamente aqueles que tiveram maior sensibilidade relativa às variações climáticas do Quaternário, ao longo de todo o Planalto Brasileiro (Ab'Sáber, 1964, 1965). Daí por que tais áreas merecem tratamento especial em termos de setores que só recentemente – nos últimos dez milênios – serviram de áreas para expansão e coalescência dos cerrados (e cerradões), localizados anteriormente apenas nas cimeiras dos chapadões centrais.

Dos refúgios de cerrados e cerradões, existentes na cimeira dos planaltos centrais, partiram as biomassas sob a forma de "manchas de óleo" coalescentes, as quais povoaram as depressões interplanálticas até então secas, situadas ao norte de Goiás, no Maranhão-Piauí, no Pediplano Cuiabano, no médio vale superior do São Francisco, e *pro parte* no Paraná, na depressão periférica paulista e nas colinas campestres de Roraima e do Amapá. Mais recentemente, dos cerrados de cimeiras e dos cerrados interplanálticos se expandiram cerrados e campestres para as depressões aluviais e em parte eólicas dos Llanos do Orinoco (Morales) e regiões similares, postadas na costa ou em compartimentos interiores da metade norte da América do Sul. Fica assim comprovado o grande arcaísmo da vegetação dos cerrados, intuído por diversos pesquisadores em diferentes épocas e por diferentes roteiros de interpretação (Smith, 1885; Sampaio, 1934; Ab'Sáber & Costa Junior, 1957, 1963). Houve uma geração arcaica de cerrados que deve ter remontado a alguma época do Terciário e que depois recuou para refúgios intermediários à medida que se abriram e se expandiram as depressões interplanálticas. Estas, por sua vez, receberiam uma segunda geração de cerrados vindos dos refúgios de cimeira, a qual disputou espaço com as caatingas e floras secas por ocasião das flutuações climáticas do Pleistoceno. E, por fim, quando os climas úmidos passaram a predominar e as caatingas se circunscreveram praticamente ao Nordeste semiárido atual, algumas biomassas de cerrado se deslocaram para o noroeste da América do Sul, ocupando espaços dos campos de dunas e aluviões grosseiros, herdados do máximo da semiaridez quaternária antiga (Pleistoceno Terminal), na depressão do Orinoco (Morales). Esta, a terceira e mais recente vaga de cerrados, reexpandida a partir dos refúgios existentes em colinas de depressões interplanálticas e intermontanas (Amapá, Grã-Sabana).

Conjuntos Topográficos e Condicionantes Climáticos do Domínio dos Cerrados

O Planalto Central tem o seu corpo territorial básico centrado em três unidades geomorfológico-estruturais de grande extensão: o setor norte dos planaltos sedimentares (e/ou basálticos) da bacia do Paraná, desfeitos em um relevo de *cuestas* concêntricas de frente externa, com altitudes que variam entre 300 e 1100 m; o altiplano de rochas antigas e estruturas dobradas do centro de Goiás (altiplano de Brasília), com velhos aplainamentos hoje colocados na cimeira dos planaltos através de uma série de altas superfícies aplainadas, talvez remontantes ao Terciário, em termos de idade geomorfológica; e os planaltos sedimentares cretácicos da bacia do Urucuia, situados a noroeste de Minas Gerais e a oeste da Bahia, ladeados por duas depressões periféricas, muito bem pronunciadas (depressão periférica), do médio vale do São Francisco e depressão periférica do Paraná. E, por fim, setores descontínuos de depressões interplanálticas – geneticamente muito variados, do ponto de vista geomorfológico – que circundam as terras altas sedimentares ou cristalinas, por todos os quadrantes, menos o sul e o sudoeste, na direção do Paraná, do Paraguai e da Argentina.

De certa forma, é essa rede de depressões interplanálticas, situadas a leste, nordeste, norte, noroeste e oeste do Planalto Central, que salienta o espaço geográfico principal do domínio dos cerrados em sua área nuclear. Por outro lado, a maior parte desses extensos compartimentos deprimidos são áreas de contato entre *stocks* de vegetação pertencentes a diferentes províncias florísticas. Na depressão periférica paulista, na dependência de solos de diferentes fertilidades naturais, ocorrem matas e cerrados, em mosaico complexo. Na depressão do médio vale do São Francisco, ocorrem florestas e cerrados ao sul e caatingas ao norte. A oeste, na depressão do

Pantanal, originada por uma combinação complexa de tectônica quebrável, eversão, aplainamentos neoterciários e recheio aluvial coalescente quaternário, ocorre o complicado contato entre a vegetação dos cerrados com as do Chaco Oriental e das palmáceas pré-amazônicas. Apenas para o norte, após as terminações acidentadas do altiplano de Brasília e além dos refúgios de matas do chamado "Mato Grosso de Goiás" estende-se uma subárea dos cerrados, que atinge as proximidades do Pontal Araguaia-Tocantins. Enquanto outro braço terminal de vegetação típica do Planalto Central adentra-se pelos chapadões do sul e centro do Maranhão, até os reversos dos planaltos empenados (*tilted plateaux*) da bacia do Maranhão-Piauí. Já além da escarpa terminal da Serra Grande do lbiapaba, em pleno Ceará – em notáveis depressões interplanálticas – inicia-se o domínio semiárido dos "sertões secos", espaço preferencial da vegetação das caatingas nordestinas. É nessa faixa, de contato brutal entre espaços fisiográficos e ecológicos, que se pode perceber melhora na posição preferencial dos cerrados e das caatingas nos diferentes compartimentos do relevo regional: os cerrados permanecem no interflúvio das chapadas, quer como massas vegetais contínuas, quer como refúgios (caso do Araripe oriental); as caatingas amarram-se às depressões interplanálticas sertanejas, quentes e semiáridas, dotadas de drenagens intermitentes e tecidos ecológicos próprios. A sazonalidade dos climas tropicais continua sob um só e mesmo regime; no entanto, o total de precipitações anuais é, pelo menos, duas a cinco vezes maior nos altiplanos com cerrados do que nas depressões interplanálticas ou encostas de "serras secas". E, mesmo que ocorra um ano de verão mais chuvoso nas caatingas, o semestre seco continua sendo muito bem pronunciado e mal servido por águas.

Ainda que os enclaves de cerrados no domínio das caatingas estejam em regiões climáticas muito quentes e secas, é de destacar o fato de que os cerrados, em sua área nuclear, estão e, sobretudo, estiveram em áreas de climas um pouco mais fresco do que aquele que impera no domínio das caatingas. Nesse sentido, os enclaves de cerrados primam por estarem em condições bastante adversas do ponto de vista climático, já que ocorrem em setores tão diferentes quanto sejam o Amapá; o nordeste da Bahia (Ribeira do Pombal), em setores dos tabuleiros sublitorâneos do Nordeste oriental; a região de São José dos Campos, no médio vale do Paraíba do Sul; a depressão periférica paulista e as manchas de cerrados residuais de Jaguariaíva-Sengés e Campo Mourão, no nordeste e centro-norte do estado de Paraná. No universo geoecológico do Brasil intertropical não existe comunidade biológica mais flexível e dotada de poder de sobrevivência em solos pobres do que os cerrados.

Na sua área *core*, os cerrados se instalam há muito tempo através de espaços contínuos em extensos setores de climas quentes, úmidos, subúmidos ou subquentes, igualmente úmidos ou subúmidos, com três a cinco meses secos. A amarração principal entre o grande refúgio dos cerrados de cimeira do Brasil Central e as condições climáticas parece pender para os climas tropicais de planaltos, subquentes e semiúmidos, onde ocorrem estação fortemente chuvosa de verão e três a quatro meses secos no inverno, sujeitos a precipitações médias anuais que variam entre 1 300 e 1 800 mm, segundo se pode depreender de diversos grupos de dados existentes em um bom estudo do clima regional do Centro-Oeste da autoria de Edmond Nimer (1977).

De um modo geral, os cerrados que ocupam depressões interplanálticas, muito mais quentes do que as cimeiras dos platôs – ainda que sujeitos à mesma sazonalidade – ali se instalaram, recentemente, nos últimos milênios, tendo descido dos macrorrefúgios intermediários de cimeira, segundo tudo leva a crer. Fato que já se constituiu – se comprovado – num bom ponto de partida para a análise do quadro de condições paleoclimáticas e paleoecológicas que precedem a formação da atual área nuclear dos cerrados do Brasil Central. Tal constatação, entre outras implicações, documentaria que o domínio morfoclimático dos cerrados e cerradões em sua área de máxima tipicidade nos planaltos sedimentares e cristalinos de altitude média de Goiás e Mato Grosso são muito mais antigos do que aqueles ainda hoje existentes nas depressões interplanálticas que margeiam ou interpenetram o Brasil Central, ocorrência por nós já aludida. É um tanto ilusório, entretanto, pensar que os cerrados nasceram e se fixaram sempre em altiplanos subquentes do Planalto Central, já que tais planaltos ainda no Terciário Inferior possuíam níveis altimétricos relativos, de centenas de metros abaixo do seu nível atual. O soerguimento das cimeiras mantidas por cargas – tipo planalto de Anápolis-Brasília – nos permite deduzir que até o Oligoceno existiam extensas planuras detríticas com lateritas em formação, em setores hoje muito soerguidos e transformados em verdadeiros planaltos.

O Quadro Paleogeográfico de 13 Mil a 18 Mil Anos A.P.

Os documentos que possuímos para caracterizar as condições geoecológicas e paleoclimáticas recentes do Planalto Central são fragmentários e descontínuos. Pouco sabemos das flutuações climáticas, menores ou locais, referentes aos últimos seis ou oito mil anos. E, no entanto, temos informações bem mais seguras referentes às mudanças climáticas

A Chapada dos Guimarães vista em um ponto da estrada que percorre as colinas onduladas de Cuiabá. No alto da chapada – à direita – um caso raro de exposição de uma superfície fóssil exumada (pré-devoniana). Região de cerrados e cerradões, entrecortadas por florestas-galeria biodiversas.

mais drásticas, correspondentes à época genética das *stone lines* intertropicais brasileiras, já constatadas e reconhecidas em numerosas áreas do país e referíveis ao último período de glaciação quaternária (Würm IV – Wisconsin Superior). Deixando de lado a análise das flutuações menores e mais localizadas ocorridas nos últimos milênios (Holoceno), examinaremos o quadro de mudanças mais radicais que tiveram sua atuação entre os 13 mil e 20 mil anos, aproximadamente. Trata-se de um quadro referencial que interessa ao país inteiro e, até certo ponto de vista, à própria América do Sul, tomada em seu conjunto.

No que tange aos níveis de interesse do quinto simpósio realizado sobre os cerrados, deve-se salientar, em relação aos fatos referentes ao último grande período seco do Pleistoceno – expandido, de modo complexo, no interior dos planaltos intertropicais e subtropicais brasileiros – que o que se conhece tem apenas o valor de uma primeira aproximação (Ab'Sáber, 1977). Trata-se de conhecimentos ecléticos, muito recentemente reunidos, apenas para atingir um esquema de nota prévia, no interesse de uma visualização antecipada e a serviço de futuras completações e melhorias através da ótica das muitas disciplinas em jogo.

Basicamente, os documentos mais concretos que tornam possível essa primeira aproximação dizem respeito ao encontro de "linhas de pedra" na estrutura superficial da paisagem. Convém lembrar, porém, que tais indícios de antigos chãos pedregosos têm um valor relativo, pois nada dizem diretamente sobre quais teriam sido os *stocks* de floras a elas associados em cada setor de ocorrência. No entanto, indicam sempre vegetação esparsa, de troncos finos ou de cactáceas, onde os fragmentos locais de barras de rochas resistentes foram capazes de esparramar-se no chão das antigas paisagens, vindo a formar chãos pedregosos de maior ou menor espessura. Para esse atapetamento do chão da paisagem, apenas a gravidade e as enxurradas em lençol devem ter colaborado: os fragmentos, de diferentes natureza petrográfica, origens e formas, percolaram por entre as raízes de uma vegetação raquítica. Entretanto, tudo leva a crer que a paleopaisagem desses sítios era de caatingas.

Levando em conta os patrimônios biológicos, ainda hoje dominantes no espaço ecológico total de nossos planaltos interiores, podemos afiançar que apenas os diferentes fácies de caatingas, assim como alguns tipos de cerrados naturalmente degradados poderiam ter ocupado os antigos chãos pedregosos, hoje soterrados na epiderme das paisagens regionais e reocupados extensivamente por cerrados e cerradões. É de supor, ainda, que paisagens de cactáceas como aquelas que hoje ocorrem na zona pré-andina da Argentina, desde o norte de San Juan até San Miguel de Tucuman, podem ter penetrado áreas do entorno do Pantanal Mato-grossense e depressões interplanálticas do Sul do Brasil, comportando eventuais chãos pedregosos e tornando possível a ocorrência de minienclaves de cactáceas até os dias atuais, vinculados à área dos antigos pedregais, hoje total ou parcialmente soterrados, cuja área prototípica é a da Barra do Jardim, na fronteira de Valinhos-Vinhedo (SP).

Tais documentos sedimentários inclusos nas formações superficiais da região – ou seja, participantes da estrutura superficial atual da região dos cerrados – têm muito mais validade quando associados a outros indicadores paisagísticos, tais como presença de *paleoinselbergs*, hoje representados por relevos residuais das superfícies interplanálticas regionais. Além do que, quando localizados no mesmo espaço em que aparecem os documentos detríticos mais antigos (também indicativos de climas mais secos do passado), tais como cascalheiras de terraços fluviais, leques aluviais grosseiros e fragmentos de sedimentação interrompidos.

A análise de tais tipos de documentos – centrada na época de predominância das *stone lines* – revelou-nos um pouco das paisagens que antecederam de perto as atuais, por ocasião do último período seco quaternário (Pleistoceno Superior). O quadro obtido é muito preliminar e digno de muitos reparos. No entanto, não nos furtamos de oferecê-los à consideração, análise e crítica de nossos companheiros da área biológica, a serviço da interdisciplinaridade.

O conjunto das paisagens típicas de cerrados, no Planalto Central, era menor e menos contínuo por ocasião do último período seco; todas as depressões interplanálticas que envolvem ou interpenetram o conjunto das terras altas atuais do Planalto Central eram faixas de paisagens fortemente diferentes, comportando muito menos cerrados e mais caatingas ou vegetações similares.

Nas depressões interplanálticas ocorriam certamente faixas de contato de vegetação, do tipo que chamaremos faixas de contato e transição intradomínio morfoclimático dos cerrados.

Predominavam cerrados degradados interfluviais e caatingas de encostas, em diferentes combinações no interior das aludidas depressões interplanálticas; nos altiplanos refugiavam-se os cerrados e alguns núcleos de cerradões, sob a forma de "bancos de flora", os quais, mais tarde, quando da umidificação generalizada sofrida pela região em seu todo, serviram para o repovoamento vegetal do domínio dos cerrados, tal como hoje o entendemos em sua área nuclear. Foi somente a partir dessa época que os cerradões passaram a predominar sobre os fácies de cerrados naturalmente degradados, então predominantes.

Possivelmente as caatingas ou vegetações similares estenderam-se até o médio vale do São Francisco mineiro, alcançando a região cárstica situada ao norte de Belo Horizonte assim como o interior das cristas quartzíticas e ferríticas do quadrilátero central do centro-sul de Minas Gerais.

Fora das depressões interplanálticas, algumas áreas, como os próprios chapadões areníticos do Urucuia, tiveram coberturas vegetais de climas mais secos, comportando cerrados degradados ou até mesmo manchas de caatingas.

Em altitude, nas altas encostas de serranias quartzíticas (Espinhaço, Pirineus de Goiás, reverso de altas *cuestas* areníticas) predominavam campos rupestres desenvolvidos em chãos pedregosos ou solos sub-rochosos, acima do nível do cinturão de cerrados e a cavaleiro das caatingas das depressões interplanálticas, mais quentes e menos arejadas em face dos escassos ventos úmidos da época.

No Vale do Paranã, em plena depressão interplanáltica situada entre o chapadão de Brasília e os chapadões do Urucuia, deve ter predominado caatinga sobre cerrados naturalmente degradados (*substandard*).

Paisagens e condições ecológicas de caatingas predominaram ao norte dos bordos acidentados da região de Brasília após as grandes matas do "Mato Grosso de Goiás", outrora mais extenso. Essa área de caatinga, em níveis rebaixados do Planalto Goiano, formava uma ligação nordeste--sudoeste das regiões secas nordestinas com outras áreas semiáridas do centro-norte e nordeste de Mato Grosso.

No entorno do grande Pantanal Mato-grossense, sobretudo no Pediplano Cuiabano, desde Rosário Oeste até Santo Antônio do Leverger, ocorriam setores semiáridos interplanálticos, provavelmente relacionados com a área de vinculação entre a vegetação pré-andina da Argentina ou com faixas de vegetação cactácea das depressões interplanálticas do extremo sul do país, outrora muito mais frias e secas do que as atuais pradarias mistas ou bosques subtropicais regionais.

No extremo sul de Mato Grosso, onde hoje existem os campos de vacaria, deveria existir estepes e campos limpos, mais frios e mais secos do que os atuais prados "marginais" ali refugiados. Onde hoje ocorrem as matas de Dourados deveriam ocorrer bosques subtropicais, alternados com campestres, no esquema ainda hoje observável mais para o sul do país (na área de vacaria, no nordeste do Rio Grande do Sul, por exemplo).

Franjas de cerrados ficaram interpostas entre as florestas-galeria tropicalizadas e os prados que substituíram estepes ou campos limpos secos, no sul de Mato Grosso. Esquema parecido com o que ocorreu nas serranias das proximidades de Barbacena e Tiradentes, em Minas Gerais, onde as matas tropicais ganharam o fundo dos vales e os cerrados ficaram interpostos entre elas e os campos limpos dos altos das cristas, onde outrora medravam campos rupestres em chão pedregoso.

Um antigo refúgio de matas subtropicais situado no vale do Paraná (extremo oeste do Paraná, que designamos provisoriamente por Refúgio Foz do Iguaçu) deve ter sido tropicalizado, nos últimos milênios, afogado que foi pelas florestas de climas quentes, reexpandidas a partir de refúgios situados no norte do Paraná e oeste de São Paulo. Conviria fazer um inventário de sua flora para testar essa hipótese, baseada na dinâmica aparente das coberturas florestais, da margem sul do domínio dos cerrados. Por outro lado, convém retirar em definitivo o extremo sul de Mato Grosso da área nuclear dos cerrados.

A grande transversal de formações abertas no Brasil intertropical, que vem desde a área das caatingas brasileiras até o Chaco, passando pela área nuclear dos cerrados, foi muito mais "corredor" das ditas formações abertas, no Pleistoceno Superior, do que nos últimos milênios. Isso porque o espaço nuclear dos cerrados comportava àquele tempo muito mais áreas de cerrados naturalmente degradados, entremeados com caatingas nas depressões interplanálticas (médio São Francisco mineiro e Paraná, alto Araguaia) e pequenas estepes secas de altitudes do que propriamente densos e contínuos cerradões. Os cerradões, ao contrário do que nós próprios pensávamos, pertencem a um patrimônio biológico arcaico, comportando-se como adensamentos de biomassas de cerrados como verdadeiras florestas reexpandidas na cimeira de planaltos depois da última grande fase seca pleistocênica (13 mil a 18 mil anos). Tal fato, reforça a ideia básica de que cerradões quando degradados por extensivas ações antrópicas não se refazem facilmente. E, na prática, jamais se recompõem. Os cerrados, por seu turno, são muito mais resistentes em face de ações predatórias não-lesionantes.

Que os predadores imediatistas de nosso país não nos ouçam!

De tais constatações, por fim, resultam algumas diretrizes para o bom uso e a preservação de importantes recursos naturais na área nuclear dos cerrados, ou seja, em regiões como os chapadões do centro e sul de Mato Grosso, do Triângulo Mineiro, do sudoeste de Goiás e oeste da Bahia, Maranhão e Piauí.

Até a década de 1950 as faixas de maior preferência para uso agrícola no Planalto Central eram as calhas aluviais onde existissem densas matas de galeria. As várzeas alongadas e contínuas, dotadas de aluviões, ricas e designadas regionalmente por pindaíbas, eram a exceção em face do campo geral de vertentes e largos interflúvios ocupados por uma pecuária extensiva. A partir da década de 1960 e, sobretudo, ao longo da década de 1970, extensas áreas dos interflúvios passaram a ser utilizadas para a silvicultura, a rizicultura, o plantio de abacaxi e logo depois de lavouras nobres (soja, café e trigo). A agricultura comercial, sobretudo a do arroz, atingiu o espaço dos cerrados, deslocando fronteiras agrícolas e viabilizando a economia rural de grandes glebas, até então mal aproveitados e improdutivas. Urge, agora, porém, em face da grande expansão dos sojais, defender os patrimônios biológicos com maior cuidado e grau de racionalidade. Com base no estudo das modificações quaternárias dos componentes paisagísticos regionais e sob a ótica do modelo dos refúgios naturais, de floras e faunas, sugerimos três diretrizes básicas para conciliar desenvolvimento e proteção dos patrimônios genéticos:

- exigir a preservação de percentuais significativos de cerrados e cerradões localizados em abóbadas de interflúvios, transformando-os em verdadeiros bancos genéticos da província fitogeográfica dos cerrados;
- preservação de faixas de cerrados e campestres nas baixas vertentes de chapadões, com dezenas até centenas de metros de largura – segundo cada uso – a fim de que o manejo das terras de culturas não interfira no equilíbrio frágil da faixa de contato entre vertentes e fundos de vales com florestas-galeria;
- congelamento total de uso dos solos das faixas de matas de galeria, com vistas à preservação múltipla das faixas aluviais florestadas, assim como das veredas existentes à sua margem.

Nesse sentido, alertamos aos responsáveis pela preservação dos patrimônios genéticos do país (Ministério do Meio Ambiente – Ibama, Instituto Brasileiro de Desenvolvimento Florestal – IBDF, Ministério do Planejamento) que o não-atendimento da preservação integral das florestas-galeria existentes no Planalto Central pode acarretar consequências graves para o abastecimento d'água, o ravimento das baixas vertentes e o aprofundamento e dessecamento dos lençóis d'água subsuperficiais na maior parte do domínio dos cerrados. Até mesmo no interior do sítio urbano de Brasília, onde tem havido o caos na ocupação dos solos das faixas de matas de galeria, já se observam lesionamentos graves em consequência do progressivo desmatamento da margem natural das florestas-galeria, incluindo-se ocorrências de ravinamentos selvagens na faixa de contato entre as baixas vertentes com cerrados e as veredas de solos lixiviados e empobrecidos, que margeiam a verdadeira faixa de florestas-galeria.

O total de matas de fundo de vales, sob o arranjo clássico de matas de galeria, é inferior a 1% no conjunto do 1,8 milhão de quilômetros quadrados da área nuclear dos cerrados. E esse total irrisório de vegetação florestal intracerrados – incluindo penetrações das florestas do alto Paraná e do sul da Amazônia, ao longo das cabeceiras de vales do divisor Prata-Amazonas e chapadões do Piauí-Maranhão e do oeste da Bahia – deve merecer tantos cuidados como aqueles a serem dedicados à preservação de bancos genéticos da natureza dos cerrados, ora pressionados pela irreversível deriva das fronteiras agrícolas e interiorização do desenvolvimento econômico e social nos planaltos interiores do Brasil.

No caso dos cerrados propriamente ditos dever-se-ia prever um aproveitamento máximo da ordem de até 30% do espaço total da área nuclear do domínio, sem grandes prejuízos para a preservação do patrimônio genético da província florística e faunística regional. Essa avaliação prévia equivale a uma somatória de espaços agrários descontínuos, da ordem de 540 mil quilômetros quadrados (1980), ou seja, uma área duas vezes maior do que o território paulista em seu conjunto e muitas vezes maior do que o dos seus espaços agrícolas efetivamente produtivos. O grande dilema residirá sempre no desenvolvimento das técnicas de seleção dos subespaços efetivamente agricultáveis, sem prejuízo da preservação relativa dos patrimônios naturais do "universo dos cerrados e cerradões".

Em relação ao grande domínio morfoclimático e fitogeográfico dos cerrados na sua área nuclear, propomos aos órgãos de gerenciamento do meio ambiente no Brasil as seguintes diretrizes mínimas:

– da face em nova conjuntura de ocupação econômica dos cerrados por atividades agrícolas importantes – soja, arroz de sequeiro, milho –

tornar obrigatória a preservação de pequenas e médias "reservas" de vegetação original em fazendas que possuam áreas superiores a mil hectares, independentemente das posturas legais de proteção preexistentes para matas ciliares e eventuais "capões" de matas. Sugere-se que essas "reservas" de biodiversidades tenham no mínimo 30% do espaço total das fazendas, devendo preferentemente ser localizadas nos interflúvios de chapadões e cabeceiras de drenagem;

– provisoriamente, ficam interditados para eventual expansão de espaços agrários todas as áreas dotadas de verdadeiros cerradões (cerrados regionalmente designados por "cerrados a três pelos"), estejam eles localizados em qualquer posição na topografia: interflúvios, vertentes altas ou vertentes baixas. Para liberar trechos de solos de cerradões para fins de ampliação de áreas agrícolas, ou outros quaisquer usos, será necessário exame *in situ* por equipes técnicas do IBDF, da Sema e do Instituto Nacional de Colonização e Reforma Agrária (Incra). Dado o desaparecimento rápido dos verdadeiros "cerradões", todos os remanescentes dessa vegetação arcaica do Brasil Central são de interesse para estudos científicos de ordem botânica e fitogeográfica, assim como zoológica;

– devem ser protegidas todas as cabeceiras de drenagem existentes no domínio dos cerrados, desde o sul de Mato Grosso até ao Maranhão e Piauí. Campos de cultura em preparo, instalações agrárias, novos espaços incorporáveis ou em vias de incorporação ao mundo urbano não podem interferir nas cabeceiras extremas de cursos d'água, sejam elas de qualquer tipo: cabeceiras em anfiteatros pantanosos com buritis ou caranãs, cabeceiras em bacias de captação dendritificadas. Não devem ser oferecidos incentivos a proprietários ou prefeituras que não tenham sensibilidade em relação à proteção de mananciais;

– levando em conta o encontro de novas fórmulas para o uso econômico rentável dos solos de cerrados nos chapadões do Brasil Central, com rápida expansão da agricultura por largos interflúvios e vertentes – através de dezenas de milhares de quilômetros quadrados – tornar obrigatória a defesa dos corredores aluviais, dotados de florestas de galeria e de buritizais. Fazer um alerta para as dificuldades de utilização dos solos das "veredas" e proibir o uso da estreita faixa de transição entre a base da vertente e o início das veredas, onde ocorrem solos fortemente lixiviados, passíveis de erodibilidade intensa (regossolos de base de vertentes em cerrados);

– não se pode eliminar pequenos capões de matas existentes sob a forma de enclave no interior do domínio dos cerrados, situados em glebas públicas ou particulares. Consideram-se pequenos capões aqueles de um a vinte hectares. Minicapões poderão ser cercados – com uma faixa de trinta metros de cerrados em seu perímetro – para fins de estudos científicos e monitoramento, com base em negociações a serem feitas com os proprietários das glebas. Autoridades estaduais e municipais ficarão com a tutela da fiscalização dessas pequenas reservas de florestas ilhadas na área nuclear dos cerrados. Estudos científicos e monitoramento das mesma deverão ser feitas pelo IBDF, pela Sema, pelo Incra e pela Empresa Brasileira de Pesquisa Agropecuária (Embrapa);

- qualquer projeto de colonização, dirigido para capões de matas – tipo "Mato Grosso de Goiás" – terá que ser submetido a rigorosa apreciação por parte de instituições mistas e/ou comissões de especialistas, podendo ser aprovados em bloco, ficar sujeito a modificações internas de diferentes níveis e ordens e/ou ser proibidos globalmente, por total inadequação. De preferência, todo o entorno desses grandes capões de matas deverá ser preservado, em uma faixa de cem metros de largura média, do modo mais contínuo possível, como amostra do ecossistema florestal original e baliza do espaço abrangido originalmente;

- ficam previstos estudos para delimitação de áreas de topografias ruiniformes típicas para efeito de criação de parques nacionais, estaduais ou municipais, sob controle de visitação. Após a delimitação das áreas mais expressivas de topografias ruiniformes existentes no domínio dos cerrados, em Goiás (Torres do Rio Bonito, Serra da Divisão), Mato Grosso (Planalto dos Alcantilados, Chapada dos Guimarães, altos da Serra do Roncador, Serra Azul, Bodoquena), Maranhão (morros--testemunho e chapadas residuais) e Piauí (Sete Cidades de Piracuruca, chapadas e morros-testemunho de Castelo do Piauí e Pedro II), tomar providências para a organização interna desses parques e elaboração de regulamentos para visitação e desenvolvimento de pesquisas. Em hipótese alguma será possível implantar nessas áreas especiais – dotadas de grande expressão paisagística e feições topográficas bizarras – os equipamentos e esquemas de visitação que foram endereçados à área de Vila Velha, no Paraná. Pelo contrário, o exemplo de Vila Velha será tomado como sendo o antiexemplo, a fim de preservar corretamente os componentes físicos e bióticos da natureza regional;

- impedir o uso dos solos nas frentes de escarpas estruturais, recobertas por cerrados ou matas orográficas, em todo o Brasil Central. Visa-se com isso obter um tipo em acréscimo de áreas-refúgio de cerrados.

E, eventualmente, preservar matas estabelecidas na frente de escarpas de *cuestas*, onde qualquer desmatamento seria irreversível;

- dar um tratamento especial à proteção da região cárstica do Brasil Central (Serra da Bodoquena, sobretudo) e elaborar um documento integrado para a defesa da região do Pantanal;

- transformar em área de proteção ambiental um setor representativo da Serra do Espinhaço, em Minas Gerais, no qual possa ser visto o zoneamento altitudinal, desde as matas de encostas baixas e grotões (lado oriental), até os cerrados (lado ocidental) e os agrupamentos de ecossistemas da cimeira da Serra, onde predominam campos rupestres (pradarias de altitude);

- realizar estudos para fazer um parque da Serra dos Pirineus, segundo os melhores e mais racionais objetivos incluídos na ideia de "parques nacionais".

9
DOMÍNIOS DE NATUREZA E FAMÍLIAS DE ECOSSISTEMAS

O fato de cada um dos domínios de natureza do Brasil intertropicais e subtropicais possuir um tipo de vegetação predominante tem conduzido muitos pesquisadores ou ecologistas desatentos a fazer lamentáveis confusões conceituais. Muitas vezes se confundia o espaço total de um domínio de natureza do território brasileiro com a expressão *ecossistema* (sistema ecológico). Sem levar em conta que no sistema interior de um domínio paisagístico e ecológico existe sempre um mosaico de ecossistemas conviventes espacialmente. Apesar da marcante fitofisionomia que caracteriza cada domínio da natureza em nosso país, é certo de que todos eles comportam associações ou assembleias de ecossistemas, independentemente da escala, do arranjo e do volume de participação de cada um deles. Exemplos disso, ocorrem em todos os domínios paisagísticos do território nacional. É assim que na área de predominância dos cerrados ocorrem ecossistemas de cerradões, cerrados, campestres e longas faixas de florestas-galeria biodiversas. No domínio das terras baixas florestadas da Amazônia encontram-se redutos de cerrados e campestres (*lavrado*), campinas, campinaranas, campos submersíveis e manguezais frontais costeiros.

O conceito de *ecossistema* foi introduzido na ciência por Arthur Tansley em 1935 e ganhou, com retardos diferenciais, todos os países e grupos científicos do mundo. Em sua acepção original, o famoso botânico inglês definia o termo como sendo o "sistema ecológico de um lugar, envolvendo fatores abióticos e fatos bióticos do local". Tendo por base fatos físicos e bióticos de regiões temperadas em estágio de paisagem primária, o autor preferia referir no seu conceito a originalidade de um complexo de situações ecológicas de um lugar, já que a interferência de processos antrópicos impede estender o conceito a espaços regionais mais amplos e integralmente primários.

Para o estudo integrado dos fatores e fatos que caracterizam o sistema ecológico de um espaço localizado, representante de um componente de um extenso mosaico de condições ecológicas, Tansley exigia um tríplice tratamento.

De um modo simplificado pode-se entender os componentes interativos que participam do conceito como sendo o suporte ecológico (rocha/solo), a *biota* ali estabelecida através de longos processos genéticos e as condições bioclimáticas que dão sustentabilidade para a vida ali implantada. Os processos naturais (hoje temos certeza) fizeram espacializações radicais na estruturação dos mosaicos bióticos, sendo que sempre envolveram um ecossistema-mater. Em nosso caso tropical brasileiro, através de fases de refração de florestas, aconteceram expansões de caatingas e mudanças de posição dos cerrados (teoria dos redutos e refúgios).

A evolução dos conceitos sobre espaços ecológicos é uma tarefa de grande utilidade para um melhor ajuste entre a teoria e sua aplicação. No início do século passado falava-se em regiões climatobotânicas, aludindo sobretudo a faixas de disposição zonal. Os pioneiros dos estudos sobre solos euro-asiáticos introduziram uma terminologia muito simples e lógica, em que se distinguiam solos zonais, solos azonais e solos intrazonais. Do século anterior já se herdara a consideração fitogeográfica essencial sobre a distribuição altitudinal ou horizontal das floras (von Humboldt). Em 1935, Arthur Tansley introduz o termo de maior penetração e aplicabilidade nos meios científicos de todos os países: o conceito de *ecossistema*. Logo apareceu uma expressão muito utilizada por biólogos de vários países, às vezes confundível com a anterior. Embora usado com superficialidade, o termo bioma se desdobrou em conceitos de maior aplicabilidade e versatilidade: *bioma, zonobioma, psamobioma, helobioma* (Karl Walter); e talvez *rupestre-bioma* (defendido por nós). No Brasil, por anos, os biólogos deram preferência ao termo *bioma* por razões compreensíveis, enquanto o termo *ecossistema* passou a ser usado por cientistas das mais diferentes áreas do saber devido sobretudo ao seu potencial de interdisciplinaridade mas também com aplicações incompletas ou até mesmo errôneas, pela falta de consulta ao trabalho original de Tansley (1935).

Em 1968, Georges Bertrand, sob uma ótica geográfica e de certa forma visualizável, publicou uma tipologia de espaços naturais, desdobrada em zonas de paisagens ecológicas, domínios (macro)regionais de natureza e regiões diferenciadas intradominiais. Ao que agregava, por fim, três termos, tentativamente para substituir ecossistemas ou biomas: *geossistema, geofácies* e *geótopo*. Entre esses conceitos que não implicam subdivisões escalares, o mais original e de aplicabilidade relativa foi com certeza *geossistema*. Isso porque, a nosso ver, o termo tem força para abranger o espaço ocupado originalmente por um *ecossistema*, independentemente do estágio de interferências antrópicas sofridas pela região em estudo. Ecossistema: estudo do sistema ecológico integrado de um lugar; *geossistema*, o espaço original de abrangência de um ecossistema no entremeio de uma zona, domínio ou região morfoclimática e fitogeográfica. A expressão *geofácies* somente tem validade para aplicação sobre ligeiras diferenças internas dos ecossistemas dependentes do mosaico regional de solos e microclimas no interior de uma determinada região.

Dentro desse esforço de compatibilização entre expressões similares, introduzidas por cientistas de áreas conexas, é possível obter excelentes aplicações para os espaços naturais intertropicais e subtropicais brasileiros. Reconhecidos há tempos os seis macrodomínios de natureza do território, é possível subdividi-los em regiões baseadas na (meso)compartimentação topográfica, combinada com os atributos e consequências pedológicas do embasamento geológico, sob a ação de climas regionais. E, por fim, os ecossistemas identificáveis e estudados localmente são passíveis de ser projetados espacialmente em níveis de *geossistemas*. Dessa forma, cada domínio morfoclimático e fitogeográfico do país (cerrados, caatingas, grandes espaços florestados) pode apresentar um tipo de *ecossistema* absolutamente predominante, a par com enclaves ou redutos de outros sistemas ecológicos (helobiomas, psamobiomas, rupestrebiomas e geótopos).

O domínio dos cerrados comporta toda uma família de ecossistemas, dispostos *areolarmente* (cerrados, cerradões e campestres), *linearmente* (matas de galeria, cordilheiras e veredas) e pontualmente (capões de matas *biodiversas*, touceiras de cactáceas). Nos bordos da área nuclear dos cerrados ocorrem diferentes setores de *geofácies*, psamobiomas (Pantanal), helobiomas (pantanais), rupestrebiomas (em *paleoinselbergs*, topografias ruiniformes e raros lajeados). Nas planícies pantaneiras, *stricto senso*, por entre lençóis aluviais (*aluvial fan*) de antigas dejeções arenosas, podem ser reconhecidos vários tipos de ecossistemas.

No polígono das secas – domínio das caatingas – ocorrem floras xerofíticas, adaptadas a conviver com a semiaridez e o ritmo sasonário do clima e da hidrologia. Num conjunto territorial da ordem de três quartos de milhão de quilômetros quadrados, pode-se reconhecer caatingas de diferentes composições (arbóreas, arbustivo-arbóreas e arbóreo-arbustivas pontilhadas por cactos, campos gerais de cimeiras arbustivas espinhentas, caatingas espinhentas e "altos pelados" com touceiras de cactos, além de lajedos e *inselbergs* dominados por diferentes combinações de cactos).

Muitas vezes esses diversos padrões de caatingas são meros *geofácies* de um amplo *geossistema*. Entretanto, as diferenças de composição biótica, observáveis em casos extremos, como aquelas que marcam a caatinga arbórea e os campos gerais secos de cimeira, nos obrigam a reconhecer tipos epeciais de ecossistemas de regiões quentes semiáridas. Fato extensivo às florestas ralas e estreitas que ocupam a beira alta dos rios nordestinos ou as florestas biodiversas das "ilhas de umidade", brejos de pé de serra e baixios.

Para não falar no mais importante *psamobioma* do interior brasileiro, constituído pelo paleocampo de dunas quaternário da região de Xique-xique.

Nos grandes domínios florestais do país – o Atlântico e o Amazônico – apesar da predominância espacial extraordinária de matas biodiversas tropicais, ocorrem importantes enclaves de cerrados (Monte Alegre, Amapá); campestres (Roraima); campinas e campinaranas (região de Manaus, vale do Tocantins, nordeste do Pará e altos dos Carajás). Para não falar na linda paisagem dúplice de Roraima, com seus extensos campestres e minirredutos de cerrados – num conjunto territorial sulcado por florestas-galeria, dotadas de magníficos buritizais e presença de rupestre biomas de cactáceas em *paleoinselbergs*. No Brasil Atlântico, ecossistemas de florestas altamente biodiversas, variando de composição e estrutura, em nível altitudinal e espacial e se embaralhando em mosaicos sub-regionais de geossistemas. Desde os minúsculos módulos de "mata-feia" até as florestinhas implantadas em solos arenosos atapetados por bromélias (baixos chapadões do Pontal do Paranapanema). O grande contraste ecossistêmico fica, porém, para os redutos de cerrados e cerradões encravados no entremeio de grandes matas desenvolvidas em solos melhores, naturalmente mais férteis para o desenvolvimento de florestas tropicais de planaltos. As modificações altitudinais de composição em regiões serranas ou escarpas tropicais formam um tipo transicional que somente poderia receber o nome de *fácies* ecossistêmicos.

Ao atingir os campos de cimeira e os redutos de araucárias dos altiplanos serranos, estamos em presença de redutos de ecossistemas totalmente diferentes do mundo real das florestas tropicais. No elevado e bizarro Maciço do Itatiaia, assim como na monolítica Pedra do Baú – por razões diferentes –, exibem-se ralos modelos de *rupestrebiomas* ou *geótopos*, na linguagem de George Bertrand (1968).

Na contextura da passagem fitogeográfica do Planalto das Araucárias destacam-se bosques de pinhais, emergendo de florestinhas subtropicais, passando em determinados setores a bosquetes de araucárias pontilhando pradarias de altitude ou cedendo lugar a altos campos limpos em solos arenosos (chapada do Purunã). No planalto de Lages e nas colinas de Curitiba, a paisagem primária caracterizava-se pela presença de pradarias de altitude, pontilhadas por agrupamentos ou bosquetes de pinhais. Nas escarpas dos alcantilados da serra ocorriam ecossistemas diferenciados: rupestrebiomas nas vertentes verticais rochosas e eventuais florestas biodiversas subtropicais ou protopicais da meia serra para os piemontes.

Por fim, na Campanha Gaúcha de Sudoeste, após faixas de transição complexa das matas da Serra aos *campechuelos* – estendiam-se as infindáveis pradarias mistas, vinculadas a climas temperados quentes, sujeitas ao açoite dos ventos minuanos solitários.

As florestas galerias da Campanha Sul-rio-grandense, que recortam as pradarias regionais, constituem o último ecossistema subtropical típico, restrito à ondulada região das coxilhas gaúchas, comportando notáveis redutos de araucárias e minirredutos de cactos.

De tudo que foi exposto – a voo de pássaro – resulta concluir que todos os grandes domínios de natureza, intertropicais e subtropicais brasileiros, possuem ecossistemas marcadamente predominantes, incluindo *enclaves* de sistemas ecológicos de regiões vizinhas, mosaicos de *geofácies* e dualidades ecossistêmicas (florestas-galeria ladeadas por pradarias). De qualquer forma, é preciso reconhecer que cada domínio de natureza no Brasil possui a sua própria característica família de ecossistemas com base em um deles extensivamente predominante. Razão pela qual existe sempre um ar de família inconfundível em cada um dos grandes domínios paisagísticos que marcam a paradisíaca tropicalidade brasileira.

A zona costeira atlântica do Brasil constitui um domínio de natureza pela sua disposição norte-sul – do Amapá ao Rio Grande do Sul – e pelas variações setoriais de seus ecossistemas. As planuras costeiras argilorgânicas que servem de suporte para os manguezais que predominavam desde o litoral amazônico (Pará, noroeste do Maranhão e Amapá) até o sudeste de Santa Catarina, através de espaços diferentes, posição litorânea ou sublitorânea e fácies diversificados de *mangrove*, são ecossistemas típicos de *helobiomas* salinos. Os manguezais frontais e semifrontais, nas margens de estuários ou em recortes internos de lagunas. No que concerne às planícies de restingas, a situação é totalmente diversa, pois existem combinações sub-regionais de ecossistemas desde o nordeste do Maranhão até a Grande Restinga do Rio Grande do Sul. Na realidade, trata-se de subfamílias setoriais de ecossistemas sobre diferentes suportes arenosos, incluindo desde dunas, campos de dunas fixas com ricos psamobiomas, jundus em "terras rasas encharcadas", palmáceas na costa gaúcha e caatingas entre Macaé e Cabo Frio. Além de relictos ao minirrefúgio de cactáceas em barrancas de praias e raras encostas de pontões rochosos (*rupestrebioma*). Um mundo de combinações ecossistêmicas a ser melhor estudado e divulgado. Um domínio de natureza todo especial que pela sua disposição em franja contrasta totalmente com os domínios fitogeográficos de disposição poligonal existentes nas terras interiores do Brasil.

Anexos

I
Relictos, Redutos e Refúgios
OS CAPRICHOS DA NATUREZA E A CAPACIDADE EVOCADORA DA TERMINOLOGIA CIENTÍFICA*

Na linguagem simbólica utilizada nas ciências biogeográficas sucedem-se termos para designar "ilhas" de vegetação aparentemente anômalas, identificadas nos corredores de grandes domínios morfoclimáticos e fitogeográficos. Entre tais expressões conceituais, pode-se listar quatro mais comuns: relictos, enclaves, redutos e refúgios.

O mais singelo desses termos é certamente a expressão relicto, aplicada para designar qualquer espécie vegetal encontrada em uma localidade específica e circundada por vários trechos de outro ecossistema.

A força dessa expressão reside na sua capacidade evocadora de possíveis corredores, que teriam existido em algum tempo impreciso, para a chegada das espécies nos locais em que hoje são encontradas. Para designar manchas de ecossistemas típicos de outras províncias, porém, encravadas no interior de um domínio de natureza totalmente diferente, é utilizada a expressão "enclave" fitogeográfico: caso das caatingas de Macaé-Cabo Frio, rodeadas por grandes contínuos de matas atlânticas. É o caso também das áreas de cerrados existentes no entremeio das grandes florestas da Amazônia, ou de setores dos planaltos interiores de São Paulo: os capões de matas ou "mato grosso", ilhados nos vastos espaços do domínio dos cerrados.

---

* Publicação original "Linguagem & Ambiente", em *Scientific American*, São Paulo, Dueto, Ano 1, nº 1, junho de 2002.

Para explicar a razão de ser desses "enclaves" ecossistêmicos foi necessária toda a trajetória de pesquisas que tornou possível a teoria dos redutos e refúgios. Na realidade, os "enclaves" de sistemas ecológicos em espaços de médio porte refletem a dinâmica das mudanças climáticas e paleoecológicas do período quaternário.

Nas complexas mudanças ambientais ocasionadas pela última das glaciações, que determina estocagem de gelo nos polos e nas altas montanhas, sincronicamente a um descenso do nível geral dos oceanos, caatingas se estenderam por espaços consideráveis do atual Brasil Tropical Atlântico, enquanto cerrados ocuparam áreas de floresta em recuo.

Na ocasião, *fácies* espinhentos das caatingas as fixaram em pequenos setores rochosos de serrinhas, piemontes de pães de açúcar e eventuais lajedos de rochas graníticas ou similares. Em condições de suporte ecológico, ora rupestre, ora psamófilo, permanecem minirredutos ou mesorredutos de cactáceas e bromélias. O mais expressivo desses redutos localiza-se no litoral do Rio de Janeiro, entre Macaé e Cabo Frio, constituindo-se no único grande reduto de caatingas extrassertanejo de todo o país. Minirredutos foram identificados desde a porção central de Roraima até o Rio Grande do Sul e Uruguai.

Em pesquisas por nós realizadas, encontramos cactáceas diversificadas ao norte de Caracavé (Roraima), ao sul de Santo Antonio de Leverger (Mato Grosso), importantes restos de cactos na região de Corumbá (Mato Grosso do Sul), nos altos da Chapada dos Guimarães, nos altos do Espinhaço, nos altos do Japi (São Paulo), nos arredores de Vitória (Espírito Santo), no planalto sul-baiano, nos interstícios das "matas de cipó", nas bordas rochosas de morretes calcários de Minas Gerais, em dunas baixas das praias de Itamambuca e Rio Verde/Jureia (São Paulo), nas dunas das retrosserras do litoral de Tramandaí, nos interstícios da região de Alegria (Guaíba, RS), entre outras localidades espaçadas entre si. Mas os três mais importantes e significativos redutos de caatingas, com indicações sobre as condições paleoambientais e paleoecológicas, foram identificados e estudados pioneiramente nos altos da Serra do Jardim (Vinhedo/Valinhos), nos campos de matacões de Itu e Salto, e na Serra de São Francisco (Votorantim). Aguardam-se pesquisas botânicas especializadas sobre as biotas vegetais e investigações zoogeográficas metódicas onde ainda seja possível realizá-las.

II

CERRADOS *VERSUS* MANDACARUS

ÁREA DE SALTO-ITU É REFERÊNCIA PARA INVESTIGAÇÕES ENVOLVENDO CONDIÇÕES CLIMÁTICAS DO PASSADO*

A região de Itu-Salto e seu entorno apresenta um dos mais importantes sítios fitogeográficos e geoecológicos do Brasil. Em um espaço de apenas algumas dezenas de quilômetros quadrados encontra-se na cobertura vegetal ecossistemas de cerrados, cactáceas residuais, e matas de fundo de vales e encostas baixas. Ao que se juntam diversos transicionais entre esses diferentes componentes fitogeográficos e litológicos.

A ocorrência de vínculos entre a vegetação, as rochas e os solos na região de Itu-Salto demonstram paisagens locais bastante diversas. As principais manchas de cerrados observáveis estão nas colinas sedimentares da depressão periférica paulista, tendo como referência de maior visibilidade a região de Pirapitangui. As áreas de ocorrências de cactáceas, por sua vez, tiveram preferência total pelos campos de matacões da região de Salto. Nos dois casos tratam-se de paisagens muito perturbadas devido à ocupação dos espaços de cerrados por grandes indústrias, olarias e armazéns.

Na área de reduto de cactáceas, predominantemente constituídas de mandacarus, a interferência principal está relacionada com as lavras de granito para diversos fins (paralelepípedos, lajes e ornamentação).

Os cerrados atuais melhor observáveis em sítios protegidos na região de Pirapitangui parecem ter se originado a partir de antigos cerrados per-

---

* Publicação original "Cerrados e Mandacarus", em *Scientific American*, São Paulo, Dueto, Ano 1, nº 4, setembro de 2002.

turbados por antigas ações antrópicas em diferentes épocas. O fato mais extraordinário diz respeito à composição da biota vegetal dos cerrados existentes nos interflúvios planos ondulados da depressão periférica, já que não existe qualquer diferença entre os mesmos em face do que se conhece na área dos cerrados e cerradões do planalto central.

No tocante às cactáceas, a presença de mandacarus na área dos matacões de Salto e arredores é quase total, ao que já sabemos até hoje. Aliás, os redutos de mandacarus em áreas de lajedos e matacões ocorrem desde o Uruguai e Rio Grande do Sul, em lajedos e frestas de rochas documentando a capacidade de permanência e resistência biológica em diferentes tipos de climas da América do Sul oriental. Daí porque tendemos a identificá-los na categoria de biótopos/ geótopos ou ainda por rupestresbiomas. Uma série de fotos que tomamos em junho de 2002 entre Itapitangui e Salto falam mais que as palavras.

Uma descoberta científica complementar a essas observações precisa ser divulgada. Trata-se do fato de que nos arredores dos campos de matacões com cactáceas foram identificadas linhas de pedra abaixo dos depósitos de cobertura demonstrando que os cactos são heranças de clima seco do passado, dentre os quais o último a atuar na região foi o período das *stone lines*, relacionados a uma época de expansão das caatingas e retração das florestas (teoria dos redutos e refúgios). Em outras palavras, isto quer dizer que as caatingas estiveram na região antes da chegada dos cerrados e das manchas florestais biodiversas do fundo dos vales regionais e setores das cerranias de São Roque – Jundiaí. Incluindo a Serra Japi e vertentes laterais da Serra do Jardim.

Existem dúvidas maiores sobre o período da chegada das cactáceas ocorrentes no entremeio dos matacões. É possível que na qualidade de geótopos ou rupestres biomas a expressiva paisagem das cactáceas sub--regionais tenha sido herdada de períodos semiáridos anteriores à própria fase das *stone lines* do período Würn-Wiscosin superior. Em qualquer hipótese para se saber se os redutos de cactáceas da região são contemporâneos do último período semiárido dominado por secura e menor taxa de calor, a área de Salto-Itu é um espaço de referência dos mais importantes para novas apreciações e acréscimos.

III
Paisagens de Exceção e *Canyons* Brasileiros

CENÁRIOS COMPLEXOS QUE DESAFIAM
CIENTISTAS DE TODO O MUNDO*

Já se disse que as paisagens de exceção constituem fatos isolados, de diferentes aspectos físicos e ecológicos inseridos no corpo geral das paisagens habituais. Mais que isso, são referências para os homens desde a pré-história. Servem, ainda, de referência para os que vierem muito depois de nós, caso sejam bem conservados e protegidos. Tendo uma localização, quase sempre, muito distanciadas entre si, os sítios de paisagens bizarras em um país de tamanho gigante raramente podem ser conhecidos ou estudados em sua totalidade. Do Pico da Roraima até as guaritas de Camaquã, no sudeste do Rio Grande do Sul, decorrem alguns milhares de quilômetros. Magníficos exemplos de topografia ruiniformes ocorrem no nordeste e sul-sudoeste do Piauí ("Sete Cidades de Piracuruca" e Serra da Capivara, respectivamente), no extremo sudeste de Goiás (Torres do Rio Bonito), no norte do Tocantins, em Vila Velha, no segundo planalto do Paraná, e em diferentes das chapadas de Mato Grosso (Chapada dos Guimarães e Planalto dos Alcantilados). Pontões rochosos do tipo "pão de açúcar", penedos ou "dedos de Deus" emergem acima ou à frente dos morros do lado de maciços e escarpas granítico-gnaisicas, no Rio de Janeiro, em Teresópolis, Vitória e em alguns pontos da Serra do Mar espírito-santense, sobretudo em pancas. Agrupamentos de *inselbergs*, sob

---

* Publicação original "Paisagens de Exceção e *Canyons* Brasileiros", em *Scientific American*, São Paulo, Dueto, Ano 1, nº 6, nov. de 2002.

a forma de "montes e ilhas" rochosas pontilham domínios das caatingas em Milagres na Bahia, em Quixadá, Jaguaribe/ Jaguaribara e arredores de Sobral, no Ceará, e na região de Patos, no "Alto do Sertão" da Paraíba. Maciços elevados (900-1000 m) voltados para ventos úmidos vindos do leste e sudeste, em plenos sertões secos, possuíam, em sua paisagem primária, florestas tropicais de cimeira, encostas e "pés de serra", confrontando-se com os grandes espaços das colinas denominadas por ecossistemas de caatinga. Ilhas de unidade, redutos de florestas tropicais e refúgios de homens adaptados a miniatividades agrárias.

Uma das feições topográficas mais específicas e, ao mesmo tempo, mais contrastadas pela sua cobertura vegetal, diz respeito aos *canyons* brasileiros. A somatória deles todos envolve grande variedade de nomes: gargantas, rasgões, boqueirões, grotas longas, socavões, itaimbés e passos fundos, desfiladeiros e estreitos. São famosos, sobretudo, os boqueirões que cruzam as escarpas estruturais no Piauí, no Paraná e Sudoeste de Goiás. Não podendo explicar as razões pelas quais um rio penetra em escarpa de *cuesta*, algures o povo fala que o rio "subia a serra".

No amplo conjunto de paisagens de exceção existentes no território brasileiro, têm sido raras as abordagens comparativas sobre os *canyons* do país. Nesse sentido, é impressionante o contraste ocorrente entre o desfiladeiro do Xingó/ Paulo Afonso e o *canyon* do Tietê, entre Cabreúva e Itu (SP). No primeiro caso, o rio São Francisco talhou rochas graníticas em plena área dos sertões secos, na tríplice fronteira da Bahia, Alagoas e Sergipe. No caso paulista, o rio Tietê escavou um profundo canalão na borda ocidental das serranias paulistas de Jundiaí-São Roque, em áreas tropical de planalto.

O *canyon* de Xingó, à juzante dos grandes reservatórios regionais (de tão grande importância para o Nordeste), é um dos desfiladeiros mais importantes e espetaculares do Brasil. Suas paredes rochosas semidesnudas são revestidas por espécies anãs de uma caatinga arbustiva esgarçada. Uma vegetação resistente se instalou em íngremes vertentes de rochas resistentes, superficialmente dominadas por litossolos. Ao contrário, o *canyon* do Tietê, à juzante de Cabreúva e à montante de Itu, é um importante desfiladeiro, internamente revestido por uma densa floresta tropical biodiversa. A novidade reside no fato de que nas poucas vertentes onde afloram matacões ou lajes de granito existem remanescentes minirrelictos de mandacarus. Em ilhas terminais do canalão existem cactáceas raras no meio de matinhos insulares-fluviais que documentam o trajeto de sementes de mandacarus, rio abaixo: exemplares tardios saídos dos minirredutos pontualmente existentes nas paredes dos *canyons* hoje dominados por matas. Um fato que talvez signifique que as cactáceas precederam a floresta tropical biodiversa da região. Existem outras razões para assim pensar.

Muitas pesquisas ainda serão necessárias para explicar a gênese e evolução geomorfológica e fitogeográfica dos demais notórios e bizarros *canyons* do Brasil.

Por último, não se pode deixar de referir que o Itatiaia e a alta meseta do Pico da Roraima constituem extraordinárias feições de exceção nos altiplanos do Brasil. No caso das planícies brasileiras, a grande exceção vai para o Pantanal mato-grossense; enquanto em relação às planícies costeiras os números de recantos paradisíacos de exceção são por demais numerosos e variados. Paisagens físicas e ecológicas que, por sua complexidade, desafiam cientistas de todo mundo.

Bibliografia

AB'SÁBER, Aziz Nacib; MENDONÇA, Salvador & KATZ, Leonel (eds.). *Amazônia, Fauna e Flora. Cerrados: Vastos Espaços; Caatingas, Sertões e Sertanejos. Fronteiras, Paraná e Rio Grande do Sul. Presença do Brasil*. Rio de Janeiro.

———. "Painel das Interferências Antrópicas na Fachada Atlântica do Brasil. Litoral e Retroterra Imediata". *II Simpósio de Ecossistemas da Costa Sul e Sudeste Brasileira: Estrutura, Função e Manejo*. São Paulo, ACIESP, pp. 1-26.

———. "Rincões e Querências. Back Wards and Rangelands. Roncones y Querencias". *Fronteira. O Brasil Meridional*. Rio de Janeiro, Alumbramento.

———. "Contribuição ao Estudo do Sudoeste Goiano". *Boletim Paulista de Geografia*. São Paulo, nº 14, pp. 3-26.

———. "O Sudoeste de Goiás". *Anais da Associação dos Geógrafos Brasileiros*. São Paulo, vol. III, tomo I, 1951, pp. 133-217.

——— & Costa, Jr. "Contribuição ao Estudo do Sudoeste Goiano". *Boletim Paulista de Geografia/ Anais da Associação dos Geógrafos Brasileiros*. São Paulo, nº 4, vol. 1, 1953.

———. "O Problema das Conexões Antigas e da Separação da Drenagem do Paraíba e Tietê". *Boletim Paulista de Geografia*. São Paulo, nº 26, jul. 1957, pp. 38-49.

———. "Os Sítios Urbanos na Região Serrana do Planalto Atlântico. Geomorfologia do Sítio Urbano de São Paulo". *Boletim/ Geografia*. São Paulo, FFLCH-USP, nº 219/ nº 12, 1957, pp. 93-100.

———. "Posição das Superfícies Aplainadas no Planalto Brasileiro". *Notícia Geomorfológica*. Campinas, nº 5, abr. 1960, pp. 52-54.

———. "Fundamentos Geográficos da História Brasileira". *In*: HOLANDA, Sérgio Buarque de. *História Geral da Civilização Brasileira: Época Colonial*. São Paulo, Difusão Europeia do Livro, 1960, vol. 1, pp. 55-71.

———. "O Relevo Brasileiro e seus Problemas". *In*: AZEVEDO, Aroldo de (dir.). *Brasil, as Bases Físicas*. São Paulo, Nacional, vol. 1, 1964, pp. 135-250.

———. *Da Participação das Depressões Periféricas e Superfícies Aplainadas na Com-

partimentação do Planalto Brasileiro. São Paulo, Tese de Livre-Docência apresentada à FFLCH-USP, 1965.

_____. "Da Participação das Depressões Periféricas e Superfícies Aplainadas da Compartimentação do Planalto Brasileiro". Tese de Livre-Docência da FFLCH-USP, 1965. [Mimeográfico.]

_____. "O Domínio Morfoclimático Amazônico". *Geomorfologia*. São Paulo, USP-IGEOG, nº 1, 1966.

_____. "O Domínio dos 'Mares de Morros' no Brasil". *Geomorfologia*. São Paulo, USP-IGEOG, nº 2, 1966.

_____. "Superfícies Aplainadas e Terraços na Amazônia". *Geomorfologia*. São Paulo, USP-IGEOG, nº 4, 1966.

_____. "Domínios Morfoclimáticos e Províncias Fitogeográficas no Brasil". *Orientação*. São Paulo, USP-IGEOG, nº 3, 1967, pp. 45-48.

_____. "Problemas Geomorfológicos da Amazônia Brasileira". *Atlas do Simpósio sobre a Biota Amazônica*. Belém, CNPq, vol. 1, 1967.

_____. "Participação das Superfícies Aplainadas nas Paisagens do Rio Grande do Sul". *Geomorfologia*. São Paulo, IGEOG-USP, nº 11, 1969.

_____. "Participação das Superfícies Aplainadas nas Paisagens do Nordeste Brasileiro". *Geomorfologia*. São Paulo, IGEOG-USP, nº 19, 1969.

_____. "A Organização Natural das Paisagens Inter e Subtropicais Brasileiras". *Simpósio sobre o Cerrado*. São Paulo/ Rio de Janeiro, Edusp (e) Edgard Blücher/ Editora Alumbramento (e) Livro-Arte Ed., nº 3, 1971, pp. 1-14.

_____. "O Domínio Morfoclimático Semiárido das Caatingas Brasileiras". *Geomorfologia*. São Paulo, USP-IGEOG, nº 43, 1974.

_____ & CHACEL, Fernando. *Modelo de Curso de Planejamento Paisagístico*. Brasília, Depto. de Doc. e Div., 1976.

_____. "Os Domínios Morfoclimáticos na América do Sul". *Geomorfologia*. São Paulo, IGEOG-USP, nº 52, 1977.

_____. "Contribuição à Geomorfologia da Área do Cerrado". *Simpósio sobre o Cerrado*. São Paulo, USP, 1982, pp. 117-124.

_____. "Ecossistemas Continentais". *In*: KACOWICZ, Zélia & OLIVEIRA, E. M. (coords.). *Relatório da Qualidade do Meio Ambiente (RQMA)*. Brasília, Sema, 1984.

_____. "O Pantanal Mato-Grossense e a Teoria dos Refúgios". *Revista Brasileira de Geografia*. Rio de Janeiro, IBGE-CNG, ano L, tomo 2, Número Especial, 1988, pp. 9-57.

_____. "Floram, Nordeste Seco". *Revista de Estudos Avançados*. São Paulo, IEA-USP, 1990, pp. 149-174.

_____. "Um Plano Diferencial para o Brasil (Reflorestamento e Florestamento)". *Revista de Estudos Avançados*. São Paulo, IEA-USP, 1990, pp. 19-62.

_____. "A Revanche dos Ventos: Derração de Solos Areníticos e Formação de Areias na Campanha Gaúcha". *Revista Ciência e Ambiente*. Florianópolis, UFSC, nº 11, jul.-dez. 1992.

_____. "A Serra do Japi: Sua Origem Geomorfológica e a Teoria dos Refúgios". *In*: MORELLATO, Patricia (org.). *História Natural da Serra do Japi*. São Paulo/ Campinas, Fapesp/ Editora da Unicamp, 1992, pp. 12-23.

_____. *Amazônia: Do Discurso à Práxis*. São Paulo, Edusp, 1996.

_____. *A Formação Boa Vista. O Significado Geológico e Geoecológico*, 1996.

_____. "Geomorfologia do Corredor Carajás – São Luiz". *In*: AB'SÁBER, Aziz Nacib. *Amazônia: Do Discurso à Práxis*. São Paulo, Edusp, 1996, pp. 67-89.

_____. "Bases for the Study of Ecosystems of Brazilian Amazonia". *In*: FREITAS, Maria de Lurdes Davies de (coord.). *Amazonia, Heaven of a New World*. Rio de Janeiro, Campus, 1998, pp. 155-176. [Tradução para o português na *Revista do IEA-USP*, nº 45.]

_____. "Sertões e Sertanejos: Uma Geografia Humana Sofrida". *Revista de Estudos Avançados*. São Paulo, IEA-USP, vol. 13, nº 36, 1999, pp. 7-59. ["Mais Fragmentos de Leitura", pp. 60-68 (e) pp. 115-143 (Bibliografia).]

_____. "Formas de Relevo. Texto Básico". *Projeto Brasileiro para Ensino de Geografia*. São Paulo, Edart, maio 2001.

_____. "O Domínio Tropical Atlântico". *In:* TIRAPELLI, Percival. *Patrimônios da Humanidade no Brasil*. São Paulo, Metalivros, 2001, pp. 79-86.

_____. *O Litoral Brasileiro*. São Paulo, Metavídeo, 2001.

_____. "Serra da Capivara: Patrimônio Físico, Ecológico e Pré-Histórico". *In*: TIRAPELLI, Percival. *Patrimônios da Humanidade no Brasil*. São Paulo, Metalivros-Metavídeo, 2001, pp. 44-48.

_____. "Linguagem & Ambiente". *Scientific American Brasil*. São Paulo, ano I, nº 1, 2002, p. 98.

_____. "Cerrados e Mandacarus". *Scientific American Brasil*. São Paulo, ano I, nº 4, set. 2002, p. 98.

_____. "Paisagens de Exceção e *Canyons* Brasileiros". *Scientific American Brasil*. São Paulo, ano I, nº 6, nov. 2002, p. 98.

AGASSIZ, El. Car. & AGASSIZ, Louis. *A Journey to Brazil*. Boston, Tichnor & Fields, 1868. [Existem traduções para o português.]

ALMEIDA, Fernando F. M. de. "O Planalto Basáltico da Bacia do Paraná". *Boletim Paulista de Geografia*. São Paulo, nº 24, out. 1956, pp. 3-34.

_____. "Reconhecimento Geomórfico nos Planaltos Divisores das Bacias Amazônica e do Prata entre Meridianos 51º e 56º Wg". *Revista Brasileira de Geografia*. Rio de Janeiro, nº 10 (3), 1956, pp. 397-440.

ALVES, Joaquim. *Ilhas de Unidade*. Anais do Instituto do Nordeste, 1949, pp. 31-46.

ALVIM, Paulo de Tarso. *Desafio Agrícola da Região Amazônica, Geografia e Planejamento*. São Paulo, USP-IGEOG, nº 7, 1973.

ANDRADE, Gilberto Ozório de. "Contribuição à Dinâmica da Flora do Brasil". *Arquivos*. Recife, Universidade do Recife, Instituto de Ciências da Terra, nº 1, 1964.

_____. "Introdução ao Estudo dos 'Brejos' Pernambucanos". *Arquivos*. Recife, Universidade do Recife, Instituto de Ciências da Terra, nº 2, 1964, pp. 21-34.

_____. "Diferenças Regionais do Brasil e Necessidade de Planejamento Regional". *Caderno da Faculdade de Filosofia de Pernambuco*. Rccifc, nº 13, 1968, pp. 1-15.

_____ & LINS, R. C. "Introdução à Morfoclimatologia do Nordeste do Brasil". *Congresso Nacional de Geologia*. Recife, nº 17, 1983. [Guia de excursão.]

ARENS, K. "O Cerrado como Vegetação Oligotrófica". *Boletim da Faculdade de Filosofia, Letras e Ciências Humanas/ Botânica*. São Paulo, Edusp, 224, nº15, 1958, pp. 9-77.

_____. "As Plantas Lenhosas dos Campos Cerrados como Flora Adaptada às Deficiências Minerais do Solo". *In*: FERRI, Mário Guimarães (coord.), *Simpósio sobre o Cerrado*. São Paulo, Edusp, 1963, pp. 285-303.

AUBRÉVILLE, A. *Les Lisières Forêt-savane des Régions Tropicales*. Paris, Adansonia, N. S. 6 (2), 1956, pp. 175-187.

_____. *Étude Ecologique des Principales Formations Forestrières du Brésil*. C.E.F.T., Nagent Sur-Marne (Seine), 1961.

BARBOSA, R. I.; FERREIRA, E. J. G. & CASTELLON, E. G. (eds.). "A Formação Boa Vista: Significado Geomorfológico e Geoecológico no Contexto do Relevo de Roraima". *Homem, Ambiente e Ecologia no Estado de Roraima*, pp. 267-292.

BERTRAND, George. "Paisagem e Geografia Global: Esboço Metodológico". CRUZ, Olga (trad.), *Caderno de Ciências da Terra*. São Paulo, USP-IGEOG, nº 43, 1972.

BICARELLA, João José. "Variações Climáticas no Quaternário e suas Implicações no Revestimento Florístico do Paraná". *Boletim Paranaense de Geografia*. Curitiba, nº 10/15, 1964, pp. 211-231.

_____. "Variações Climáticas no Quaternário Superior do Brasil e sua Datação Radiométrica pelo Método do Carbono 14". *Paleoclimas*. São Paulo, USP-IGEOG, nº 1, 1971, p. 22.

_____; BECKER, R. D. & PASSOS, E. *Estrutura e Origens das Paisagens Tropicais e Subtropicais*. Florianópolis, Editora da UFSC, vol. I, 1996.

BIROT, Pierre. "Esquisse Morphologique de la Région Litorale de l'Etat de Rio de Janeiro". *Ann. Geogr.* Paris, nº 56(353), jan.-fev. 1957, pp. 80-91.

BRASIL. Departamento Nacional da Produção Mineral – Projeto RADAM. *Levantamento de Recursos Naturais*. Rio de Janeiro, 6 vols. 1973.

BRAUN, Oscar P. G. "Contribuição à Geomorfologia do Brasil Central". *Revista Brasileira de Geografia*. Rio de Janeiro, nº 32(3), jul.-set. 1971, pp. 3-39.

BRAUN, Walter A. C. "Contribuição ao Estudo da Erosão no Brasil e seu Controle". *Revista Brasileira de Geografia*. Rio de Janeiro, nº 23(4), out.-dez. 1961, pp. 591-642.

CAILLEUX, André & TRICART, J. "Zones Phytogeographiques et Morphoclimatiques du Quaternaire, au Brésil". *C. R. Soc. Biogeogr.* Paris, 7-13, 1957, pp. 88-93.

CAPOZZOLI, Ulisses. "Floresta ameniza o aquecimento da Terra". *Scientific American Brasil*. São Paulo, ano 1, nº 6, 2002, pp. 30-35.

CHACEL, Fernando. *Paisagismo e Ecogênese*. Rio de Janeiro. Editora Fraiha, 2000.

CIÊNCIA HOJE. *Paleoclimas da Amazônia*. São Paulo, SBPC, Volume Especial Temático/ Diversos Autores, 1993.

CRUZ, Olga. *A Serra do Mar e o Litoral na Área de Caraguatatuba: Contribuição à Geomorfologia Tropical Litorânea*. São Paulo, USP-IGEOG, Teses e Monografias nº 11, 1974.

DEBENEST, Maristela (coord.), "Território: Brasil". *Brasil. Território. Povo. Trabalho. Cultura*. São Paulo, Prêmio Edit. Ltda. [Editado em francês: *Territoire*. São Paulo, Premio, 1997.]

DOMINGUES, Alfredo José Porto. "Classificação das Regiões Morfoclimáticas Brasileiras". *Elementos de Geomorfologia Climática*. Rio de Janeiro, IBGE-CNG (Curso de Férias para Professores), 1963, p. 72.

_____. et alli. "Domínios Ecológicos". *In*: BRASIL, Instituto Brasileiro de Geografia e Estatística. *Subsídios à Regionalização*. Rio de Janeiro, 1968, pp. 11-36.

_____. "Serra das Araras: Os Movimentos Coletivos do Solo e Aspectos da Flora". *Revista Brasileira de Geografia*. Rio de Janeiro, nº 33(3), jul.-set. 1971, pp. 3-52.

DRESCH, Jean. "Les Problèmes Morphologies du Nord-Est Brésilien". *Bull. Assoc. Geogrs. Fr.* Paris, 283/64, jan.-fev. 1957.

_____. *Géomorphologique des Boucliers Intertropicales*. Conferência na FFLCH-USP. São Paulo, ago. 1963, inédito.

EITEN, George. "Vegetation Provinces in Brazil". *The Cerrado Vegetation of Brazil. Botanical Review*, nº 38, 1972, p. 204.

_____. *An Outline of the Vegetation of South America*. Simposium Intern. Primat. Soc., 1973.

_____. "Natural Brazilian Vegetation Types and their Causes". *Academia Brasileira de Ciências*, vol. 64, supl. 1, 1992, pp. 35-65.

FERRI, Mário Guimarães. "Contribuição ao Conhecimento de Ecologia do Cerrado e da Caatinga". *Boletim da Faculdade de Filosofia, Ciências e Letras da USP/ Botânica*, nº 195/ nº 12, 1955, pp. 1-170.

_____. "Histórico dos Trabalhos Botânicos sobre o Cerrado". *In*: FERRI, Mário Guimarães (coord.). *Simpósio sobre o Cerrado*. São Paulo, Edusp, 1963, pp. 19-50. [a]

_____ (coord.). *Simpósio sobre o Cerrado*. São Paulo, Edusp, 1963. [b]

_____. "Sobre a Origem, a Manutenção e a Transformação dos Cerrados: Tipos de Savanas no Brasil". *Rev. de Biologia*. Portugal, nº 9 (1-4), 1973, pp. 1-13.

FEUR, R. *An Exploratory Investigation of the Soils and the Agricultural Potential of Soils of*

the Future Federal District in the Central Plateau of Brazil. Ithaca, Cornell University, Tese, 1956.
FITTKAU, E. J. et alli. *Biogeography and Ecology en South America. The Hague.* Dr. W. Junk N. V. Plubs, vol. 1, 1958.
_____ et alli. *Biogeography and Ecology in South America. The Hague.* Dr. W. Junk N. V. Plubs, vol. 2, 1969.
FRANCE, Guillean T. *Biological Diversification in the Tropics. The Hague.* New York, Columbia University Press, 1982.
GÓES, Walder. "Recursos Naturais: Uma Política para o Brasil". *Geografia e Planejamento.* São Paulo, USP-IGEOG, nº 9, 1973.
GOLLEY, F. B. & MEDINA, E. (eds.). "Tropical Ecological Systems". *Ecological Studies.* Berlim/ New York, H. Springer/ Heidelberg, nº 11, 1975.
GOODLAND, Robert. "Amazonian Forest and Cerrado: Development and Environmental Conservation". *Extinction is Forever.* New York, New York Botanical Garden, 1977, pp. 214-233.
_____ & FERRI, Mário Guimarães. *Ecologia do Cerrado.* São Paulo, Ed. Itatiaia/ Edusp, 1979.
GUERRA, Antonio Teixeira. *Recursos Naturais do Brasil: Conservacionismo.* Rio de Janeiro, IBGE, Biblioteca Geográfica Brasileira, Série A, Publ. 25, 1969, p. 183.
GUERRA, Ph. & GUERRA, Th. *Secas Contra a Seca. Secas de Inverno. Açudagem, Irrigação. Vidas e Costumes Sertanejos.* Rio de Janeiro, 1909.
HAFFER, Jürgen. "Specialization in Amazonian Forest Birds". *Science* (3889). Washington, AAAS, 1969, pp. 131-137.
_____. "Ciclo de Tempos e Indicadores de Tempo na História da Amazônia". *Revista do Instituto de Estudos Avançados.* São Paulo, IEA-USP, nº 15, 1992.
HARDY. *Édaphic Savannas,* II CA, Turrialba, 1960.
HARTT, Charles Friedrick; MENDONÇA, E. S. & CIANITTI, E. D. (trads.). *Geologia e Geografia Física do Brasil.* São Paulo, Companhia Editora Nacional, 1941.
_____. *Geology and Phisical Geography of Brazil.* Boston, Fields Osgood, 1870.
HERRERA, R. C. et alli. "Amazon Ecosystems [...]". *Interdencia,* nº 31, 1987, pp. 223-232.
HUBER, Otto. *La Savane Neotropical.* Instituto Ítalo-Latino Americano, con la col. dell'Ist Bot. dell Úniv. Di Roma, 1974.
HUECK, Karl. *Die Walder Sudamerikas. Okologie, Zusammensetzung und Wirtschaftliche bedeutung.* Stutgart, Gustav Fisher Verlag, 1966.
HÜEK, Kirt & SEIMBERT, P. *Vegetationskarre von Südamerica. Mapa de Vegetación de America del Sur. In*: FITTKAU, E. J. et alli., *Biogeography and Ecology in South America,* nº 1. Stutgart, Gustav Fisher Verlag, 1972.
_____ & SEIMBERT, P. "Vegetationskarte von Sudamerica". *In*: FITTKAU, E. J. et alli., *Biogeography and Ecology in South America,* nº 1. Stutgart, Gustav Fisher Verlag, 1972, pp. 54-81.
_____. *As Florestas da América do Sul* (trad.) (e) REICHARDT, Heins. *The Walden Sudamerikas.* Brasília/ São Paulo, Ed. UnB/ Ed. Polígono, 1984.
IBGE-CNG. *Geografia do Brasil.* Rio de Janeiro, IBGE-CNG, Bibl. Geogr. Bras., 1959-1965.
_____. *Tipos de Vegetação do Brasil.* Rio de Janeiro, escala 1:5.000.000, 1962.
_____. *Paisagens do Brasil.* Rio de Janeiro, IBGE-Divisão de Geografia, 1968.
KATZ, Leonel & MENDONÇA, Salvador. "Dos Espaços da Natureza à Presença do Homem" (e) "From Nature's to the Presence of Man". *Presença do Brasil.* Rio de Janeiro, Alumbramento, pp. 79-104.
_____ & MENDONÇA, Salvador (coords.). "No Domínio dos Cerrados" (e) "The Cerrado Domain". *Cerrados. Vastos Espaços.* Rio de Janeiro, Alumbramento/ Livro-Arte Ed. Ltda., 1992-1993, pp. 29-38 (e) pp. 29-44.
_____ & MENDONÇA, Salvador (coords.). "No Domínio das Caatingas" (e) "The Caatinga Domain". *Caatingas. Sertões e Sertanejos.* Rio de Janeiro, Alumbramento/ Livro-Arte Ed. Ltda., 1994-1995, pp. 37-46 (e) pp. 47-55.

_____ & MENDONÇA, Salvador (orgs.). *Fronteira. O Brasil Meridional*. Rio de Janeiro, Alumbramento, 1996-1997.

KOCHLER, A. W. *International Bibliography Vegetation Maps; South America*. University of Kansas Libraries, 2ª ed., Seção 1, 1980.

LIBAULT, André Ch. Octave. "Mar de Morro". *Boletim Paulista de Geografia*. São Paulo, AGB, nº 46, dez. 1971.

_____. "Pão de Açúcar". *Boletim Paulista de Geografia*. São Paulo, AGB, nº 46, dez. 1971.

LIMA, Dárdano de A. "Contribuição à Dinâmica da Flora do Brasil". *Arquivos do ICT (Instituto de Ciências da Terra)*. Recife, Universidade de Recife, nº 2, out. 1946, pp. 15-20.

_____. *Esboço Fitoecológico de Alguns "Brejos" de Pernambuco*, citado por Gilberto Ozório de Andrade, 1963.

LISBOA, Miguel Ribeiro Arrojaco. *Oeste de São Paulo, Sul de Mato Grosso, Noroeste do Brasil*. Rio de Janeiro, Com. E. Schoor, tip. Jornal do Comércio, 1909.

MAACK, Reinard. "Breves Notícias sobre a Geologia dos Estados do Paraná e Santa Catarina". *Arquivos de Biologia e Tecnologia*. Curitiba, nº 2, 1947, pp. 63-154.

_____. "Notas Preliminares sobre Clima, Solos e Vegetação do Estado do Paraná". *Arquivos de Biologia e Tecnologia*. Curitiba, nº 3, 1948, pp. 105-200.

_____. "Geologia e Geografia Física da Bacia Hidrográfica do Rio de Contas no Estado da Bahia". *Boletim Instituto de Geologia/ Geografia Física*. Curitiba, Universidade do Paraná, nº 5, 1962.

_____. *Geografia Física do Estado do Paraná*. Curitiba, B.D.P., 1968.

MAIO, Celeste Rodrigues. "Considerações Gerais sobre a Semiaridez no Nordeste do Brasil". *Revista Brasileira de Geografia*. Rio de Janeiro, nº 23(4), 1962, pp. 643-680.

MARGALEF, R. "El Ecosistema – 'Jornal de Ecologia Marina' ". *In*: COSTELVI *et alli* (org.). *Fend la Salle e Ciencias Naturales*. Caracas, cap. 12, 1972, pp. 377-453.

MARTIUS, Carl Friedrich Philipp. "Provincise Florae Brasiliensis: Mapa Esquemático", escala 1: 64.500.000. *Die Physiognomie des Pflanzenreiches in Brasilien*. München, 1958.

MARTONNE, Emmanuel De. "Problèmes Morphologiques du Brésil Tropical Atlantique". *Ann. Geogr.*, Paris, nº 49 (277/78/79), 1940.

_____. "Problemas Morfológicos do Brasil Tropical Atlântico". *Revista Brasileira de Geografia*, ano V, nº 4, 1944.

MARX, Burle. *Numerosos e Bem Sucedidos Projetos de Paisagismo*. Rio de Janeiro/ São Paulo.

MORALES, Pedro Roa. "Genesis y Evolución de los Medanos en los Llamos Centrales de Venezuela". *Testemonio de un Clima Desertico. Acta Biologica Venezolana*. Caracas, 10(1), pp. 19-49.

NIMER, Edmond. "Clima: Região Centro-Oeste". *Geografia do Brasil*. Rio de Janeiro, IBGE, 1977. [a]

_____. "Clima: Sul do Brasil". *Geografia do Brasil*. Rio de Janeiro, IBGE, 1977. [b]

NOBRE, Carlos. "Amazônia e o Carbono Atmosférico". *Scientific American Brasil*. São Paulo, ano I, nº 6, 2002, pp. 36-39.

PIRES, João Morça. "Contribuição para a Flora Amazônica". *Boletim Técnico do Instituto de Agronomia do Norte*. Belém, vol. 20, 1950, pp. 41-51.

RAMADE, François. *Dictionaire Encyclopédique de l'Écologique et des Sciences de l'Environnement*. Paris, Ediscience International, 1993, p. 822.

RAWITSCHER, F. K. *et alli*. "Profundidade dos Solos e Vegetação em Campos Cerrados do Brasil Meridional". *Anais da Academia Brasileira de Ciências*, nº 15, 1943, pp. 267-294.

RICH, John Lyon. *The Face of South America: An Aerial Traves*. Washington, American Geography Society, Special Publication, nº 26, 1942.

RIZZINI, Carlos T. "Sobre as Principais Unidades de Dispersão do Cerrado". *III Simpósio do Cerrado*. São Paulo, Edusp, 1971, pp. 117-132.

_____. *Tratado de Fitogeografia do Brasil*. São Paulo, Hucitec/ Edusp, vols. 1 e 2, 1975-1979.

RUELLAN, Francis. "Alguns Aspectos do Relevo no Planalto Central do Brasil". *Anais da Associação dos Geógrafos Brasileiros*. São Paulo, AGB, vol. 2, 1947, pp. 17-28.

_____. "O Papel das Enxurradas no Modelado do Relevo Brasileiro". *Boletim Paulista de Geografia*. São Paulo, nº 13, 1953, pp. 5-18 (e) nº 14, 1953, pp. 3-25.

SAKAMOTO, Takao. "Rock Weathering on 'Terras Firmes' and Deposition on 'Varzeas' in the Amazon". *Tokio Univ. Sci. Journal*, série II, vol. 12, parte II, 1960, pp. 155-216.

SAMPAIO, A. J. de. "A Flora de Mato Grosso". Rio de Janeiro, Arch. Museu Nacional, nº 19, 1916, pp. 1-25.

_____. *Fitogeografia do Brasil*. São Paulo, Companhia Editora Nacional, 3ª ed., 1934.

SECRETARIA DO MEIO AMBIENTE (SP) – SECRETARIA DE ENERGIA. *Atlas das Unidades de Conservação do Estado de São Paulo*, 1-Litoral. São Paulo, SMA-SE, 1996.

SMITH, Herbert. "A Região dos Campos no Brasil". *Revista Mensal (Seção da Sociedade de Geografia de Lisboa no Brasil)*. Rio de Janeiro, 1885, pp. 48-55.

_____. *Do Rio de Janeiro a Cuyabá: Notas de um Naturalista*. Rio de Janeiro, 1886.

SOARES, Lucio de Castro. "Limites Meridionais e Orientais da área de Ocorrência da Floresta Amazônica e Território Brasileiro". *Revista Brasileira de Geografia*. Rio de Janeiro, IBGE-CNG, nº 1, vol. 15, jan.-mar. 1953, pp. 3-95.

_____. "Amazônia". *Congresso Internacional de Geografia*. Rio de Janeiro, CNG, 1956. [*Guia da Excursão à Amazônia*. Rio de Janeiro, nº 8, 1963, p. 341.]

STERNBERG, Hilgard O'Reilly. "Enchentes e Movimentos Coletivos do Solo no Vale do Paraíba em Dezembro de 1948: Influência da Exploração Destrutiva das Terras". *Revista Brasileira de Geografia*. Rio de Janeiro, nº 11(2), abr.-jun. 1949, pp. 223-261.

_____. "Vales Tectônicos na Planície Amazônica". *Revista Brasileira de Geografia*. Rio de Janeiro, IBGE-CNG, nº 4(12), 1950, pp. 513-533.

_____. "Aspectos da Seca, de 1951, no Ceará". *Revista Brasileira de Geografia*. Rio de Janeiro, nº 13(3), 1951, pp. 321-369.

_____. *The Amazon River of Brazil*. Geograph., Zeitschr, Franz Steiner Verlag, 1975.

TANSLEY, Arthur. "The Use and Abuse of Vegetacional Concepts and Termes". *Ecology*, nº 16, pp. 254-307.

TIRAPELLI, Percival. *Patrimônios da Humanidade no Brasil/ World Heritage Sites in Brazil*. São Paulo, Metalivros-Metavídeo, 2001.

TRICART, Jean. "Division Morphoclimatique du Brésil Atlantique Central". *Bull. de Géogr. Dynam.* Strasbourg, nº 9(112), jan.-fev. 1958.

_____. *As Zonas Morfoclimáticas do Nordeste Brasileiro*. Salvador, Universidade da Bahia, Laboratório de Geomorfologia e Estudos Regionais, 6(4), 1959.

VALVERDE, Orlando & DIAS, C. V. "A Rodovia Belém-Brasília: Estudo de Geografia Regional". *Biblioteca Geográfica Brasileira*. Rio de Janeiro, IBGE, nº 22, 1967.

_____. "Dos Grandes Lagos Sul-americanos aos Grandes Eixos Rodoviários". *Cadernos de Ciências da Terra*. São Paulo, USP-IGEOG, nº 14, 1971.

VAN DER HAMMEN. "Changes in the Vegetation and Climate in the Amazon Basin and Surrounding areas during the Pleistocene". *Geologie en Mijnboux*, nº 51, 1972, pp. 641-643.

_____. "The Pleistocene Changes of Vegetation and Climate in the Tropical South America". *Journal of Biogeography*, nº 1(1), 1975, pp. 3-26.

VANZOLINI, Paulo Emílio. "Zoologia Sistemática, Geografia e a Origem das Espécies". São Paulo, USP-IGEOG, Teses e Monografias nº 3, 1970.

_____. "The Vanishing Refuges a Mechanism for Ecogeographic Speciation". *Painéis Avulsos de Zoologia*. São Paulo, Museu de Zoologia USP, nº 23, ano 34, 1981, pp. 251-255.

_____. *Paleoclimas e Especiação em Animais da América do Sul Tropical*. São Paulo, ABEQUA (Associação Brasileira de Estudos do Quaternário), 1986, avulso.

VELOSO, Henrique Pimenta. "Aspectos Fitogeológicos da Bacia da Alto Rio Paraguai". *Biogeografia*. São Paulo, nº 7, 1972.

VERDADE, Francisco da Costa. "Problemas de Fertilidade do Solo na Amazônia". *Cadernos de Ciências da Terra*. São Paulo, USP-IGEOG, nº 53, 1974.

VOGT, J. & VINCENT, P. L. "Terrains d'Alteration et de Recouvrernent en Zone Intertropicale". *Bult. du Bureau de Recherches Géologiques et Minières*. Paris, nº 4, 1966, pp. 2-111.

WALTER, Heinrich. "Vegetação e Zonas Climáticas". *In:* GIOZA, A. T. & BACKUP, A. T. *Revista Técnica de A. Lamberti*. Universidade de São Paulo, Ed. Pedagogia, 1986.

WAITTAKER, R. H. *Communities and Ecosystems*. New York, Macmilan, 2ª ed., 1975.

WILSON, E. O. (ed.). *Biodiversity*. National Academic Press Washington, 1988.

WOLTERECH, R. "Über die Speszifität der Lebernaraunes, der Nahrung und der Korpenformen bei Pelagrachen Cladsceren und Über Okolazische Gestalsysteme". *Biol. Zool.* nº 48, 1928, pp. 501-551.

Título	Os Domínios de Natureza no Brasil
Autor	Aziz Ab'Sáber
Editor	Plinio Martins Filho
Produção Editorial	Aline Sato
Capa	Tomás B. Martins (projeto gráfico)
	Edu Campos (fotos das paisagens)
Editoração Eletrônica	Aline Sato
	Daniel Maganha
	Luciana Milnitzky
Revisão	Daniel Maganha
	Geraldo Gerson de Souza
Formato	16 x 23 cm
Tipologia	Times
Papel de Miolo	Chambril Avena 80 g
Papel de Capa	Cartão Supremo 250 g
Número de Páginas	160
Impressão	Bartira Gráfica